다시는 신을 부르지 마옵소서

사·직·상·소

권력을 향한 조선 선비들의
거침없는 직언직설

辭

職

다시는 신을 부르지 마옵소서

上

疏

김준태 지음

| 일러두기 |

1. 이 책은 경제주간지 《이코노미스트》에 2016년 1월 4일에서 같은 해 12월 19일까지 27회에 걸쳐 연재된 〈사직상소에 비친 조선 선비의 경세관〉 시리즈를 엮고 다듬은 책이다.

2. 본문의 인용문 중에는 읽기 편하도록 축약 또는 의역한 부분이 있다. 원전의 뜻을 훼손하지 않는 선에서 어휘도 현대적 감각에 맞게 고쳤다. 출처는 아래에 주석으로 표시하였다.

3. 본문의 그림들은 조선 시대 선비들의 일상 문화를 소개하기 위해 옛 그림들에서 뽑아 그린 것으로, 각 장의 인물을 직접적으로 상징하는 것은 아니다.

목숨 건 선비들의 직언, 사직상소

벼슬을 하는 목적은 원래 도(道)를 위한 것이지 자기 이익을 위한 것이 아니었다. 벼슬이 개인 한 몸의 사사로운 욕심을 위하게 되면 그의 진퇴(進退)는 의리(義理)에 합치될 수 없고 그가 이룬 사업(事業)은 세상에 일컬어질 수 없다.

조선 인조 대의 학자이자 저명한 정치가 포저(浦渚) 조익(趙翼, 1579~1655)은 공직의 의미에 대해 위와 같은 말을 남겼다. 벼슬을 하는 목적은 부귀나 명예, 권력과 같이 개인의 욕망을 충족시키기 위한 것이 아니라 도리를 따르고 공동체와 구성원들을 위해 헌신하는 공적인 데에 있다는 것이다. 예부터 관직을 '하늘이 부여하는 직책(天職)'이라고 불렀던 것도 그 때문으로, 공공의 일에 복무하는 이상 다른 직업들보다 더욱더 도덕성과 책임감, 공정함, 정당성 등의 가치들을 중시한다.

이른바 '출처론(出處論)'이 강조되었던 것은 그래서이다. 하늘이 인간에게 부여해준 선한 본성을 깨닫고 이를 회복하여 사회적으로 확산해야 한다는 의무, 자기 몸과 마음을 갈고 닦아 백성들을 위해 남김없이 바쳐야 한다(修己治人)는 신념을 가지고 있었던 선비들에게 정치 참여는 어쩌면 당연한 과정이었다. 하지만 그러한 의무와 신념을 실현할 수 없는 환경이라면, 임금이 무도하고 정치가 혼탁하며 도덕과 의리가 땅에 떨어진 세상이라면, 그것을 바꾸기 위해 목숨 걸고 싸울지언정 구차하게 관직에 머무르지 않는다. 아무리 높은 관직이라도 주저 없이 버린다. 반대로 훌륭한 군주가 있어 올바른 정치를 펼치고 아름다운 세상을 만들어가고 있다면, 능력이 미치는 한 최선을 다해 일한다. 이것이 관직에 나아가고 물러나는 도리, 바로 '출처론'이다.

따라서 자신에게 주어지는 벼슬을 사양하거나, 관직에서 물러날 때 제출하는 '사직상소(辭職上疏)' 역시 "일신상의 이유로 사직합니다."라는 요즘의 사표와는 차원이 달랐다. 단순히 관직에서 물러나겠다는 의례적이고 형식적인 내용이 아니라 정치의 잘잘못을 조목조목 따지고 임금과 조정에 대한 신랄한 비판을 포함한다. 임금에게 올리는 간언, 좋은 정책을 관철하겠다는 의지도 실려 있다. 자신의 직을 걸고, 나아가 목숨까지 걸고, 관직을 맡은 자로서의 책임을 다하고자 한 것이 선비들의 사직상소였다고 말할 수 있다.

이 책은 사직상소 스물여덟 편을 수록하고 있다. 사직상소를 쓴 이들은 시대도 다르고 사직하는 이유도 다르다. 각각 활동했던 정치 환경도, 모셨던 임금의 수준도 다르다. 상소의 내용과 성격도 같지 않다. 하지만 이 상소들에는 공통의 인식이 존재한다. 당면하고 있는 문제점과 폐단을 극복하고 더 나은 공동체를 만들기 위해 노력해야 한다는 것, 이를 위해 임금을 비롯한 공직자는 도덕적이고 공정한 마음가짐으로 온 힘을 기울여야 한다는 것이다. 이 마땅한 요청이 조금이라도 흔들릴 경우, 이 당연한 대의(大義)가 조금이라도 위협받을 경우, 벼슬에 있는 자는 목숨을 걸고 분투해야 하며 항거해야 한다. 예나 지금이나 공직의 존재 의미는 변함이 없다는 점에서 여전히 명심해야 할 부분이다. 비단 공직이 아니더라도 '직무'를 대하는 자세, 올바른 리더십과 상황인식 등에 대해 생각할 거리를 전해 줄 것이다.

마지막으로 이 책이 나오기까지 변함없는 사랑과 응원을 보내주신 부모님과 가족, 은사 최일범 교수님께 깊이 감사드린다. 남승률 부장, 김태윤 에디터, 박성민 기자, 눌민의 정성원 대표께도 감사 인사를 전하며, 특히 원고를 쓸 때마다 정성껏 읽고 의견을 준 후배 김병목, 안승현 군에게 고마움을 표한다. 미숙하지만 소중한 열정이 여기에 스몄다.

|차례|

1

임금이 내린 관직을 단칼에 거부한 산림처사

남명 조식, 단성현감 사직상소

조식(曺植) / 1501년(연산군 7년)~1572년(선조 5년)

본관은 창녕(昌寧), 호는 남명(南冥)이다. 사회현실에 대한 비판적인 자세를 견지하였으며, 평생을 산림처사(山林處士)로 자처하고 학문에 전념했다. 경(敬)과 의(義)를 강조하여 문하에서 의병장이 다수 배출되었다.

#조식 #남명 #경의

청컨대, 무거운 저 종을 보라 / 크게 치지 않으면 소리가 나지 않음을 / 어찌하면 저 두류산처럼 / 하늘이 울어도 산은 울지 않을 수 있을까.[1]

어떤 상황에서도 흔들리지 않겠다는 의연한 마음가짐과 기개를 보여주는 이 시의 지은이는 남명 조식으로, 퇴계 이황과 더불어 영남을 대표하는 대학자이다.

조식은 젊었을 때『성리대전(性理大全)』[2]을 읽다가 원나라 학자 허형의 "뜻은 이윤(伊尹)의 뜻을 가져야 하고, 배움은 안자(顔子)의 학문을 배워야 한다. 세상에 나가면 해내는 것이 있어야 하고, 물러나면 지키는 것이 있어야 한다."라는 말을 보고 크게 감동했다고 한다. 은나라 탕왕을 보좌해 나라와 백성을 위해 큰 공을 세운 명재상 이윤을 본받아 관직에 출사해서는 좋은 정치를 이룩해야 하고, 만일 상황이 여의치 않아서 향리로 물러나게 되면 수신(修身)의 모범을 보여주었던 공자의 제자 안연(顔淵)의 학문을 따라 배우며 절의를 지켜야 한다는 것이다. 조정에 나아가도 아무 하는 일이 없고, 은거해도 아무것도 지켜내지 못한다면 이는 선비가 아니라는 것이 그의 생각이었다.

그런데 이 두 가지 길 중에서 조식이 선택한 것은 후자의 삶이었다. 모친의 성화에 못 이겨 과거 시험공부를 하기는 했지만 이내 포

---

1) 『남명집(南冥集)』, 「題德山溪亭柱」, "請看千石鐘, 非大叩無聲, 爭似頭流山, 天鳴山不鳴."
2) 명나라 영락제의 명령으로 송나라 성리학자들의 저술과 학설을 집대성하여 출간한 책

기했다. 현실 정치에 뜻이 없지는 않았다. 다만 성리학의 이상을 실현하기에는 세상이 너무 혼탁하다고 생각했다.

이후 조식은 김해와 합천, 산천 등 경상우도[3] 일대에 계속 거주하며 학문에 힘썼다. '성성자(惺惺子)'라고 이름을 붙인 쇠방울을 차고 있으면서, 자세가 조금이라도 흐트러져 방울 소리가 나게 되면 몸을 가다듬고 마음가짐을 경계했다고 한다. 그는 제자들을 양성하며 "경의(敬義)[4]는 마치 해와 달과 같아서 하나라도 폐해서는 안 된다."라고 가르쳤다. '경(敬)'으로써 자신을 수양하고 '의로움'으로써 외부의 일들과 마주하라는 뜻이었다.

이 과정에서 조식의 명성은 점차 경상우도의 경계를 벗어나 한양에까지 알려졌다. 당시 조정의 권력을 차지하고 있던 척신들은 이러한 조식에게 매력을 느끼고 명종을 통해 그에게 관직을 내린다. 그의 명성과 인망을 활용함으로써 권력의 정당성을 보완할 수 있다고 생각한 것이다. 훌륭한 선비를 중용한다는 칭송도 얻고 말이다. 요즘에 인재영입을 통해 정권이나 정당의 지지도를 높이려는 행태와

---

3) 행정구역을 남북으로 나누는 지금과 달리 조선 시대에는 좌우로 구분했다. 경상도는 낙동강을 중심으로 우도와 좌도로 나뉘었는데 여기서 '오른쪽(右)'은 한양에서 바라보았을 때의 기준이다.

4) 성리학자들은 공통적으로 '경의(敬義)'를 중시했는데, 이는 공자가 "군자는 경(敬)으로써 내면을 곧게 하고, 의로써 외부를 바르게 해야 한다."고 말한 데서 유래한 것이다(『周易』, 「坤卦」, 〈文言傳〉, "君子, 敬以直內, 義以方外, 敬義立而德不孤."). 여기서 '경'은 공경하면서 예의를 갖추는 것과 같은 태도의 의미가 아니라, 인간의 본성에 내재되어 있는 하늘의 이치를 깨우치고 자신의 모든 행위가 거기에 맞게 행해질 수 있도록, 마음의 상태를 순수하고 선하게 유지하는 '공부법'을 뜻한다.

마찬가지다.

하지만 조식은 이를 단칼에 거절했다. 1575년(명종 10년) 임금이 그를 단성현(丹城縣)[5]의 현감[6]으로 제수하자, 그는 장문의 사직상소를 올리며 관직에 나갈 수 없다는 뜻을 밝혔다. 작금의 세상에는 도가 행해지지 않고 있다는 것이 그 이유였다.

전하의 정치는 이미 잘못되었고, 나라의 근본이 흔들려 하늘의 뜻도 민심도 이미 떠나갔습니다. 비유하자면, 오래된 큰 나무의 속을 벌레가 다 갉아먹어서 진액이 말라버렸는데, 회오리바람과 사나운 비가 당장이라도 몰아쳐 올 것 같은 형국입니다. 조정에 충의로운 선비와 근면한 어진 신하가 없는 것은 아니지만, 대부분의 관리가 백성의 고통은 아랑곳하지 않고 있으니, 아래에서는 시시덕거리며 주색에 빠져 있고 위에서는 어물쩍거리며 재물만 불리고 있습니다. …… 자전(慈殿, 임금의 모후 문정왕후)께서는 생각이 깊으시지만 깊숙한 궁중에 있는 한 사람의 과부에 지나지 않습니다. 전하께서는 아직 어리시어 단지 선왕의 한낱 외로운 후사에 지나지 않습니다. 그러니 수많은 천재지변을 어찌 감당해낼 것이며, 억만 갈래로 찢어진 인심을 무엇으로 수습하시겠습니까? 또한, 지금의 이런 상황은 주

---

5) 경남 산청군의 옛 지명

6) 조식의 명성에 비했을 때 낮은 관직으로 여겨질 수도 있지만, 과거시험을 보지 않은 그에게 종 6품의 현감 벼슬을 내린다는 것은 나름의 예우를 갖춘 것이다.

공(周公)[7]이나 소공(召公)[8]과 같은 재주가 있어도 어떻게 하지 못할 것인데 신의 하찮은 재주로 무엇을 어찌하겠습니까? 위태로움을 지탱해내지 못할 것이고 백성을 온전히 보호하지 못할 것이니, 신이 전하의 신하가 되기란 어렵지 않겠습니까? 더욱이 변변찮은 명성을 팔아 전하께서 주신 관작을 받고 녹을 먹는 것은 신이 원하는 바가 아닙니다.[9]

조식은 자신에게는 난국을 해결할 만한 능력이 없다고 말한다. 이런 자신이 관직을 맡는다면 임금과 나라에 누를 끼친다는 것이다. 그런데 여기서 조식이 서슬 퍼런 막후 실권자인 대비 문정왕후를 한 사람의 과부에 불과하다고 하고, 임금 역시 홀로 의지할 데 없는 어린 아이라 비유한 점이 문제가 된다. 이는 목숨을 잃을 수도 있는 표현으로, 왕실을 능멸한 죄로 처형되어도 이상할 것이 없을 정도였다. 실제로 명종은 이 부분에 대해 크게 진노하여 조식에게 죄를 묻고자 했다. 다행히도 심연원과 상진 등 여러 재상이 극구 만류하여 처벌을 면할 수 있었다.

　그렇다면 조식은 출사에 아예 관심이 없었던 것일까? 아니면, 단지 명종의 조정에 나가고 싶지 않았던 것일까? 조식의 사직상소를

---

7) 공자가 성인(聖人)으로 숭앙한 인물로, 어린 조카 성왕을 보좌해 중국 주나라의 문물과 제도를 확립하였다.

8) 주공과 함께 주나라를 이끈 명재상으로 춘추전국시대 연(燕)나라의 시조이다.

9) 『명종실록』 10년 11월 19일

좀 더 살펴보자.

훗날 언젠가 전하께서 학문과 덕을 수양하여 왕도(王道)의 경지에 이르신다면 신은 전하의 수레를 끄는 마부가 되어서라도 온 마음과 힘을 다하여 신하의 직분을 다할 것이니, 전하를 섬길 날이 어찌 없겠습니까. 삼가 바라건대, 전하께서는 반드시 마음을 바로 하여 백성을 새롭게 하고, 몸을 수양하여 인재를 임용하며, 지극한 이치를 굳건히 세우시옵소서. 전하께서 세우는 이치가 옳게 구실을 하지 못하면 나라도 나라로서의 구실을 하지 못할 것입니다. 삼가 예찰(睿察)하소서.[10]

요컨대, 조식은 임금이 올바른 정치를 행한다면 자리의 높고 낮음에 연연하지 않고 조정에 나갈 의사가 있었다. 그러한 조정에서는 선비로서 무슨 일이든 해낼 수 있다고 믿었기 때문이다. 하지만 그렇지 않은 세상이라면, 그는 아무리 좋은 뜻을 가지고 조정에 나선다 하더라도 소용이 없다고 여겼다.

조식이 시종 날카롭고 신랄한 어조로 명종의 정치를 비판하고 정국의 상황을 우려한 것은 큰 자극을 통해 명종이 깨우침을 얻길 바라서였을 것이다. 명종이 자기 자신을 반성하고 조정의 분위기를 일신하여 선정을 베풀고, 조식 자신도 거기에 참여하여 기여할 그런

---

10) 각주 9)와 같음

1. 남명 조식, 단성현감 사직상소

세상이 오기를 기대해서였을 것이다. 이런 의미에서 그의 사직상소는 직임을 사양하는 것이 아니라 진정한 직임이 내려지길 원하는 구직상소였다고 할 수 있다.

그런데 그의 상소에는 한 가지 단점이 있다. 조식의 상소는 당대의 뜻 있는 젊은 지성인들에게 열화와 같은 성원을 받았지만, 지나치게 날을 세움으로 인해 정작 상소를 올린 대상인 명종에게는 반성은커녕 반감만 샀다. 이를 두고 퇴계 이황은 "무릇 상소는 직언하는 것을 회피하지 않아야 하나, 뜻은 곧으면서 말은 부드럽게 하여야 한다. 그래야 아래로 신하의 예를 잃지 않고 위로 임금의 뜻을 거스르지 않을 수 있다. 남명의 상소는 금세에 참으로 얻기 어려운 금언이나 말이 지나치니 필시 임금께서 보고 노하실 것이다."[11]라고 지적했다. 오늘날에도 윗사람에게 충언을 올려야 할 아랫사람들이 명심해야 할 대목이다.

---

11) 『퇴계집(退溪集)』, 「언행록」 5권

2

밝음과 어두움, 두 얼굴의 면모를 지닌 복잡다단한 인물

김조순, 금위대장 사직상소

김조순(金祖淳) / 1765년(영조 41년)~1832년(순조 32년)

김수항의 5대손으로 본관은 안동(安東), 호는 풍고(楓皐)이다. 순조의 장인으로 영안부원군에 봉해졌으며 훈련대장과 호위대장 등을 역임하였다. 조정의 요직이 제수되었으나 대부분 사양하였고 계속 명예직에 머물렀다. 안동 김씨 세도정치의 출발점이 된 인물이다.

김조순 #풍고 #순조 #세도정치

여기 사직서를 내는 것이 일상이었던 사람이 있다. 그는 어떤 자리든지 임명되는 그 날로 물러났다. 혹여 사직서가 반려되기라도 할라치면 수리가 될 때까지 계속 제출하곤 했다. 명예직 하나를 제외하면 그는 어떠한 직책도 받아들이지 않았다. 오죽하면 임금이 "전례가 있든 없든 내가 경에게 사사로운 감정으로 이러는 것이 아니지 않은가? 어째서 경은 자신이 더럽혀지기라도 하는 것처럼 여기는가? 경의 꽉 막힌 병통이 이와 같으니 나 또한 강박하고 싶지 않다."[12]라며 서운함을 표시할 정도였다.

이러한 처신은 그가 죽을 때까지 계속된다. 당사자는 '능력이 부족하다.', '자격이 되지 않는다.', '도리에 맞지 않는다.', '부끄러운 일이다.'라며 사직했고, 임명권자는 '그대밖에 적임자가 없다.', '자질과 역량이 충분하다.', '왕명을 어길 셈인가?'라며 관직을 맡으라고 강권했다. 왕이 그를 수도방위와 국왕 호위 임무를 담당하는 핵심부대인 금위영의 수장으로 임명했을 때도 마찬가지였다. 임금은 "의지할 사람이 그대밖에 없어 맡기는 것"이라고 간곡한 어조로 부탁했다. 그러나 그는 "한 사람의 신하를 의지하는 것은 옳지 않다."라며 사직상소를 올렸다.

전하께서 강연(講筵)에 나갈 때는 격물치지와 성경(誠敬)[13]의 공부가 고명하고 광대한 경지에 이를 수 있도록 정진하시옵소서. 신료들을 대할 때는 마음을 비우고 정성을 다하시옵소서. 만기(萬幾)를 처리

---

12) 『순조실록』 2년 6월 4일

13) 뜻을 정성되게 하고 마음을 순일하게 하는 성리학의 공부법

2. 김조순, 금위대장 사직상소

할 때는 넓게 대응하되 빠짐없이 살펴 처리하시옵소서. 백성을 염려한다면 흡사 전하의 몸에 있는 병을 치료하듯 정성스레 백성을 보호하시옵소서. 기강을 확립하고자 한다면 먼저 자신을 바로잡아 아랫사람들에게 모범을 보이시옵소서. 형정(刑政)은 대소와 경중을 그 실정에 맞게 행하고, 융정(戎政)[14]은 일이 벌어지기 전에 미리미리 대비하시옵소서. 만일 전하께서 잡다한 업무들로 밤낮없이 집무해야 한다면 정신을 맑게 하고 염려를 줄여 평정을 유지하시옵소서. 특히 무익한 것으로 인해 유익한 것을 해치게 되는 일이 없으셔야 하옵니다. 이들 몇 가지는 전하께서 미천한 신을 의지하는 것보다 훨씬 중한 일이오니, 만일 변함없는 마음으로 부응해주시기만 한다면 신 같은 이는 더 필요치 않을 것이옵니다.[15]

군왕이 공적인 테두리 안에서 신하를 신뢰하고 권한을 위임하는 것은 긍정적인 효과를 가져다주겠지만, 특정 신하에게 '의지'하게 된다면 이는 문제가 될 수 있다. 자칫 사적이고 주관적인 관계가 공식적인 절차와 루트를 대체함으로써 정보가 왜곡되고, 권력이 특정인에게 몰리는 등의 폐단이 생겨날 수 있다. 상소를 올린 이는 바로 이 점을 경계하며 임금이 우선시해야 할 마음가짐을 설명한다. 이를 지킨다면 자신 같은 신하는 굳이 있을 필요가 없다는 것이다.

자, 그렇다면 이러한 상소를 올린 주인공은 누구일까? 사직서를

---

14) 오랑캐에게 맞서 국경을 방어하는 일
15) 『순조실록』 11년 7월 12일

제출하는 것이 일상이었던 이 사람은 과연 누구일까? 자리나 권력에 대해 아무런 욕심이 없는 것처럼 보이는 이 사람은 바로 안동 김씨 세도정치의 문을 연 풍고 김조순이다. 세도정치의 토대가 된 인물이니 얼핏 부정적으로 생각되겠지만 그는 당대 사람들로부터 "군자의 훌륭한 덕을 가졌다.", "올곧은 선비이다."라는 평을 들었다.[16] 순조의 장인이었던 그는 앞에서 말한 것처럼 요직들을 모두 사양하며 권력의 전면에 나서는 일이 없었다. 그는 "신이 처한 바가 이미 남들과 다르니 혹 나라에 위급한 일이 있다면 신 또한 사력을 다해야 하겠으나, 그게 아닌데도 수치를 무릅쓰고 아무 거리낄 게 없는 사람처럼 행동할 수는 없사옵니다."[17]라고 말한다. 외척인 자신이 정치의 일선에 나설 수는 없다는 것이다. 그리되면 공론이 오염되고 정치가 타락해버린다는 것이 그의 확고한 입장이었다.

이런 이유에서 그는 특히 인사 문제에 개입하는 것을 꺼렸다. 한번은 왕이 김조순에게 인재 추천업무를 맡아보라고 지시한 적이 있었다. 그러자 그는 곧바로 다음과 같이 사직상소를 올렸다.

현명한 사람을 관직에 진출하게 하는 것은 대신의 책임이고 인재를 기용하게 하는 것은 전관(銓官)[18]의 직분이니 추천하라고 명하심은

---

16) 『순조실록』 32년 4월 3일

17) 『순조실록』 17년 4월 17일

18) 인사업무를 담당하는 관리를 말한다. 인재의 능력과 자질을 잘 저울질해야 한다는 뜻에서 '저울질할 전(銓)'자가 쓰였다.

실로 당연합니다. 그러나 신은 조정에 달린 혹과도 같아서 전하의 은택으로 과분한 자리를 차지하고 있을 뿐 참으로 떳떳하지 못합니다. 그런데도 신이 어찌 감히 함부로 혀를 놀려서 현명한 이를 진출시키고 인재를 기용하도록 할 수 있겠습니까.[19]

물론 이것이 김조순의 솔직한 심정인지는 확실하지 않다. 막후에 있어도 얼마든지 막강한 영향력을 행사할 수 있는 마당에 굳이 나서서 요직을 맡을 필요는 없다고 판단했을 수도 있다. 실제로 같은 시기에 큰아들 김유근을 비롯한 친인척들이 인사업무를 담당하고 있었다. 의심스러운 정황은 충분한 것이다. 다만 김조순이 먼저 삼가고 조심하는 모습을 보여줌으로써 다른 척신들이 드러내놓고 인사에 개입하지 못하게 하는 효과를 가져왔다.

그가 군권을 거절한 것도 주목할 만하다. 왕권이 강하지 못했던 조선 후기에는 주로 외척에게 군권을 맡겼다. 외척은 부귀를 탐하고 권력을 휘두를지언정 임금을 위협하지는 않을 것이기 때문이다. 유력가문이 외척일 경우, 거기에 군사력까지 더함으로써 왕실의 든든한 보호막이 되어줄 수도 있었다. 김조순에게 병조판서와 훈련대장, 금위대장 등 군부의 핵심 요직이 제수된 것도 그 때문이었다. 하지만 그는 계속 사직상소를 올렸다. 외척이 군권을 갖게 되면 권력이 지나치게 집중된다는 이유에서였다.

---

19) 『순조실록』 11년 윤3월 13일

이러한 김조순의 태도 덕분에 순조는 상대적으로 외척의 간섭 없이 안정적으로 왕권을 유지할 수 있었다. 김조순 자신도 군자이며 선비라는 긍정적인 평가를 듣게 된다. 안동 김씨 세도정치를 강력하게 비판했던 황현조차 그의 저서 『매천야록(梅泉野錄)』에서 "김조순은 문장을 잘 짓고 나랏일을 처리하는 데 솜씨를 발휘하여 후덕하다는 칭송을 들었다. 이에 비해 그의 자손들은 탐욕스럽고 완고하며 교만하고 사치하여 외척으로서 나라를 망치는 화근이 되었다."라고 적을 정도였다. 김조순은 훌륭한 인물이지만 자손들이 문제라는 것이다. 그런데 실상은 김조순이 이렇게 행동했기 때문에 안동 김씨 세도 정권이 세워졌는지도 모른다. 수백 장의 사직서를 통해 쌓은 명예와 인망이 후손들에게 후광으로 작용한 것이다. 김조순의 사직 상소가 남긴 역설적인 그림자이다.

3

공동체를 지켜내기 위해 기꺼이 오명을 뒤집어쓴 정치가

최명길, 한성판윤 사직상소

최명길(崔鳴吉) / 1586년(선조 19년)~1647년(인조 25년)

인조반정을 주도하여 정사공신(靖社功臣) 1등, 완성부원군에 봉해졌다. 본관은 전주(全州), 호는 지천(遲川)이다. 학문과 문장에 뛰어났으며 양명학(陽明學)에 긍정적인 태도를 보였다. 정묘호란과 병조호란 때 모두 화친을 주장하였고, 전쟁이 끝난 뒤에는 영의정이 되어 전후 수습에 진력했다. 명나라와 비밀리에 교섭한 책임을 지고 중국 심양으로 압송된 적도 있다.

#최명길 #지천 #주화 #병자호란 #심양

1627년(인조 5년), 조선과 후금 사이에 발발한 정묘호란은 양국이 '형제의 예'를 맺으면서 종결되었지만 그 질서는 이내 흔들리게 된다. 조선은 오랑캐라고 무시해온 후금을 형의 나라로 모셔야 하는 상황이 마음에 들지 않았고, 후금도 명나라에 충성을 바치는 조선을 믿을 수 없었기 때문이다. 그러면 그럴수록 양국의 긴장 관계를 매끄럽게 조율하며 나라의 실리를 찾고 평화를 유지하기 위해 노력해야 하지만, 당시 임금인 인조와 조선조정은 무능하고 무책임한 모습을 보여주었을 따름이다.

그러던 1636년(인조 14년) 2월, 후금의 칸 홍타시가 칭제건원, 즉 국호를 청(淸)나라로 바꾸고 황제로 즉위하면서 상황은 긴박하게 돌아갔다. 홍타시는 "조선과는 형제의 나라이니 이 문제를 의논하지 않을 수 없다."[20]라며 사신을 보냈다. 자신들이 만든 새로운 질서에 순응할지, 아니면 거역할지를 선택하라는 것이었다. 하지만 명나라와의 의리를 절대적인 가치로 생각했던 조선의 사대부들에게 이는 결코 받아들일 수 없는 요구였다. 이에 조선은 청나라 황제의 국서를 거부하게 된다. 당연히 청이 보복해올 거라는 것을 상정하고 벌인 일이었을 것이다. 그런데 위기가 뻔히 예상되었음에도 조선은 별다른 움직임을 보이지 않았다. 말로만 강경 대응을 외치고 형식적으로 전쟁에 대비하자고 했을 뿐 아무런 준비도 하지 않았다. 오직 지천 최명길만이 다음과 같이 진언한 바 있다.

---

20) 『인조실록』 14년 2월 24일

3. 최명길, 한성판윤 사직상소

참으로 조정의 뜻이 척화에 있다면 어찌 논의하는 말들이 하나같이 몽롱하여 한 가지 계책도 시행하지 않는다는 말입니까. …… 사간원의 말을 받아들여 나가 싸우거나 물러나 지킬 방책을 정하지도 않고, 그렇다고 신의 말을 받아들여 병화(兵禍)를 늦출 계책을 세우지도 않으니 적들이 쳐들어오면 하루아침에 백성들은 어육[21]이 되고 종묘사직은 파천[22]하게 될 것입니다.[23]

이때의 조선 조정은 외교적 해결책이나 군사적 대비책을 마련하는 것이 아니라, '후금'이라고 부를 것인가 아니면 '청'이라고 부를 것인가를 놓고 논쟁하는 데 시간을 허비하고 있었다. '청'이라고 부르게 되면 황제를 참칭(僭稱)[24]한 것을 인정해주는 꼴이니 불가하다는 의견과, 화친을 유지하기 위해 국호 정도는 저들이 원하는 대로 해주자는 의견이 대립했다. 지엽적인 문제에 집착하며 명분 싸움을 벌이느라 정작 눈앞에 닥친 위기에 대응할 시간을 놓쳐버린 것이다. 그러자 지금의 서울시장격인 한성판윤(漢城判尹) 최명길이 사직상소를 올리며 이와 같은 태도들을 강하게 비판한다. 그는 장문의 상소를 통해 지금은 명분보다는 현실, 정도보다는 권도(權道)를 중시해야 할 때임을 역설했다.

---

21) 짓밟히고 으깨어져 결딴 난 상태

22) 임금이 도읍을 떠나 피난 가는 것

23) 『인조실록』 14년 9월 5일; 이 상소는 '병자봉사(丙子封事) 두번째 상소'라고도 불린다. (『지천집(遲川集)』 11권, 「병자봉사(丙子封事〔第二〕)」

24) 분수에 어긋나게 제멋대로 스스로 칭호를 부여하는 것

일이란 본디 명분이 아름다우나 실제는 그렇지 않은 경우가 있습니다. 위대한 순임금 같은 이는 부모에게 알리지 않고 장가를 들었습니다. 아내를 맞이할 때는 반드시 부모에게 고하는 것이 도리가 아니냐는 말로 순임금을 힐난하는 자가 있다면 순임금은 필시 대답하시기가 어려울 것입니다. 태왕은 적인(狄人)의 침략을 피해 빈(邠) 땅을 떠나셨습니다. 군주는 사직을 위해 죽는 것이 도리가 아니냐는 말로 태왕을 책망하는 자가 있다면 태왕도 또한 필시 대답하시기가 어려울 것입니다. 하오나 순임금과 태왕은 끝내 사람들의 말에 얽매이지 않고, 스스로 인륜을 무너뜨리거나 나라를 망치게 될지도 모르는 길을 달게 받아들였습니다. 과연 무엇 때문이겠습니까? 대체로 일을 수행하는 방도에는 정도와 권도가 있으며, 일에는 급히 처리해야 하는 것과 늦게 해야 할 것이 있습니다. 때가 어디에 있든 의도 때에 따라 달라집니다. 성인(공자)께서 『주역』을 지을 때 중도(中道)를 정도보다 귀하게 여긴 것도 진실로 이 때문입니다.[25]

아무리 보편적으로 타당한 원칙인 '정도'가 존재하더라도 그것만으로는 끊임없이 변화하는 현실을 감당할 수 없다. 더욱이 '정도'는 고정되어 있으므로 무조건 이를 고수하다 보면 변칙적인 상황을 맞이했을 때 능동적으로 대응하기 힘들다. 따라서 현실 여건에 맞게 응용하고 변화시키면서 정도를 실현해 나가야 하는데, 이를 위해 제시

---

25) 이 한성판윤 사직상소는 보통 '병자봉사 세번째 상소'로 불린다.(이하 인용문은 모두 『지천집』 11권, 「병자봉사(丙子封事〔第三〕)」가 출처임)

　　　　　　　　　　　　　　　3. 최명길, 한성판윤 사직상소

된 개념이 바로 '권도'이다.

최명길이 인용한 순임금과 태왕의 일화 역시 '권도'의 적절한 사례이다. 『맹자』에 따르면, 순임금은 아버지 고수(瞽瞍)에게 아뢰지 않고 장가를 들었다. 만약 순임금이 나쁜 아버지의 대명사로 아들인 순임금을 죽이려고까지 했던 고수에게 허락을 구했다면 아마도 끝내 장가를 들지 못했을 것이고 자식도 갖지 못했을 것이다. 맹자는 불효 중에서도 가장 큰 불효가 후손을 얻지 못하는 것이므로 이때 순임금이 아버지에게 아뢰지 않은 것을 '권도'라고 평가한다. 태왕은 주나라의 임금으로, 오랑캐가 침략해오자 전격적으로 천도를 단행했다. 목숨을 걸고 나라의 터전을 지키지 못했으니 정도를 어긴 것이지만, 그를 통해 수많은 백성을 구했으므로 '권도'라 할 수 있다는 것이다. 최명길은 순임금과 태왕이 '인륜을 무너뜨리거나 나라를 망치게 될지도 모르는 길'을 부득이하게 선택할 수밖에 없었던 것은 당시의 상황이 권도를 요구했기 때문으로, 지금 조선에 필요한 것역시 '권도'라고 말한다. 공자가 '정도'보다 지금 이 순간에 가장 적절한 도인 '중도'를 강조한 것처럼 말이다.

최명길은 "화친을 위하여 살기보다는 의를 지키다가 죽는 것이 낫다는 말은 신하가 절개를 지키는 위한 말일 뿐, 종묘사직의 존망은 필부의 죽고 사는 것과 다르다."라는 성혼의 말을 인용하며 "신하가 나랏일을 도모하면서 먼 앞일을 내다보지 못하고 자기 혼자의 신념대로만 과감하다가 나라를 망하게 하는 데에 이르렀다면, 그 처리한 일은 비록 바르더라도 그 죄를 면할 수는 없사옵니다."라고 말한다. 내가 한 사람의 개인이라면, 명분과 의리를 고수하고 고고한 절개를 지켜내는 것은 칭찬받아 마땅한 일이다. 하지만 내가 국정을 담당하는 신하라면, 백성과 국가의 안위를 먼저 고려해야 하는 정치가라면, 문제가 다르다. 신념 못지않게 완수해야 할 책임이 있고, 그 책임을 위해서라면 정도에서 벗어난 권도라 할지라도 기꺼이 선택할 수 있어야 한다.

최명길은 또 이야기한다.

우리의 국력은 고갈되었는데 오랑캐의 병력은 강성하니, 우선 정묘년의 맹약을 지켜서 몇 년이라도 화를 늦추어야 합니다. 시간을 버는 동안 올바른 정치를 펴서 어진 정책을 시행하고, 민심을 수습하여 성을 쌓고 군량을 비축해야 합니다. 변방의 수비를 더욱 굳건히 하고 군사를 단속하여 동요함이 없게 하면서, 저들의 빈틈을 엿보는 것을 우리의 계책으로 삼는다면 이보다 나은 것은 없을 것입니다.

주화라는 두 글자가 신의 평생 허물이 될 것이나, 신은 지금 화친하는 일이 잘못이라고 생각하지 않사옵니다.

이처럼 비록 오명을 뒤집어쓸지언정 공동체를 지켜내기 위해서 자신의 책임을 다하겠다는 결기는 오늘날에도 많은 사람이 본받아야 할 대목이다.

3. 최명길, 한성판윤 사직상소

4

임금의 독선과 아집을 경계한 유학자

장현광, 공조판서 사직상소

장현광(張顯光) / **1554년(명종 9년)~1637년(인조 15년)**

조선 중기 남인을 대표하는 학자로 본관은 인동(仁同), 호는 여헌(旅軒)이다. 인조반정 후 김장생, 박지계와 더불어 국가 차원에서 학문적 권위를 인정받은 산림(山林)이었으며 당파를 초월해 존경을 받았다. 퇴계학파로 분류되지만 이이의 영향도 받아서 독창적인 이론을 구축하였다. 영의정에 추증되었고 『역학도설(易學圖說)』 등의 저술을 남겼다.

#장현광 #여헌 #산림 #퇴계학파 #역학도설 #병자호란

1634년(인조 12년), 경상도 영양(永陽)²⁶ 땅에 은거하고 있던 한 노인이 조용히 지필묵을 준비했다. 얼굴에 난 주름 위로 세월이 많이 스쳤지만 꼿꼿하게 앉아 써 내려가는 필체에는 여전히 힘이 넘쳤다. 노인의 나이는 여든 살. 그가 쓰고 있는 글은 사직상소이다.

17세기를 대표하는 유학자로 김장생과 더불어 국가로부터 학문적 권위를 공식 인정받은 바 있는 여헌 장현광은 생애 대부분을 향리에 머물며 공부에 힘썼다. 같은 남인뿐 아니라 반대 정파인 서인에게도 존경과 신망을 받았던 그에게 임금은 계속 출사를 요청했지만, 그때마다 그는 단호하게 거절했다. 사직서가 수리되지 않았는데도 끝내 부임하지 않아서 직무유기로 문책받은 일도 있었다. 이러한 그의 태도는 죽는 순간까지 변함이 없었는데, 여든의 나이에 제수받은 공조판서 직에 대해서도 곧바로 사직상소를 올린다. 관직을 맡기에는 나이와 건강이 허락지 않는다는 것이었다.

신이 비록 조정의 반열에 나가 봉직하지 못하지만 대궐 밑에서 사은 숙배하는 정성이라도 올리는 것이 늙은 신하의 바람이옵니다. 그러나 병세가 이처럼 깊어 조금도 소생할 가망이 없으니 목숨이 실낱같이 남아 다시는 천안(天顔, 임금의 얼굴)을 가까이할 수 없고, 다시는 옥음(玉音, 임금의 목소리)을 들을 수 없을 듯하옵니다. 엎드려 바라건대, 전하께서는 노쇠한 신의 정상(情狀)을 가엽게 여겨 직책을 거두

---

26) 지금의 영천 지방

어 신이 분수를 지키면서 죽을 날을 기다릴 수 있게 하여 주소서.[27]

다만 장현광은 임금에게 올리고 싶은 말이 있다고 했다.

몸은 이미 나아가지 못한바 조정의 일을 할 수 없사오나 마음은 아직 죽지 않아 입으로는 한 말씀 진언하고자 합니다.

비록 직임을 맡을 수는 없지만 이렇게 함으로써 조금이라도 임금의 은혜에 보답하고 싶다는 것이다.

신이 생각건대 도리는 무궁하고 사업은 끝이 없으니, 비록 대성인(大聖人)이라 하여도 자신을 성인이라 여기며, 나날이 진보하고 더하여 늘게 하는 공부를 멈추신 적이 없나이다. 올바름을 추구해가는 길을 절대 그만두시지 않았습니다. 특히나 위대한 순임금은 묻기를 좋아했으니, 순 같은 대성인은 부족한 점이 없으셨을 텐데, 어인 까닭이겠습니까? 늘 자기 자신을 부족하게 여김으로써 자만하지 않고 자신을 더 낫게 만든 것입니다.

일반인이라 할지라도 나는 모르는 게 없다, 부족한 점이 없다고 생각한다면 그 사람은 더 발전하지 못한다. 자기 생각만 고집하느라

---

27) 이하 인용은 모두 『여헌집(旅軒集)』 3권, 「공조판서를 사직하는 소(辭工曹判書疏)」가 출처임

맡은 일도 제대로 해내지 못할 것이다. 임금은 더 말할 나위가 없다. 임금의 책임은 한없이 무겁고, 담당해야 할 일은 깊이나 넓이 면에서 모두 끝이 없으므로 완벽한 수준에 이를 때까지 끝없이 정진해야 한다. 순임금과 같은 위대한 군주들이 항상 자신을 부족하다고 여긴 이유이다. 그래야 노력을 멈추지 않을 수 있고 완벽을 향해 나아갈 수 있기 때문이다.

장현광은 말을 이어갔다.

또한 순임금은 얕고 가벼운 말도 꼼꼼하게 살피는 것을 좋아했고, 나쁜 말은 가려주고 좋은 말은 칭찬해주셨으니 그 이유가 무엇이겠습니까? 천하의 모든 사람이 즐겁게 말할 수 있도록 한 것입니다.

사람이 부족함을 채우려면 어떻게 해야 할까. 지식을 습득하고 경험을 쌓는 등 여러 가지 방법이 있을 것이다. 그중에서도 다른 사람의 말을 듣는 일, 즉 '경청'이 특히 중요하다. 말에서 지혜를 얻고, 말에서 방법을 찾으며, 말을 통해 성찰할 수 있기 때문이다. 순임금이 묻기를 좋아하고, 가볍고 보잘 것 없어 보이는 말일지라도 허투루 넘기지 않고 꼼꼼하게 살핀 것도 그래서였다. 누구나 자유롭게 말할 수 있는 여건도 필요한데, 다른 이의 말을 두고 경박하다, 쓸데없다, 틀렸다는 식의 논평을 하면 그 사람은 앞으로 웬만해서는 자기 생각을 말하려 들지 않게 된다. 그러다 보면 다른 좋은 말들이 나올 기회 역시 차단되는 것이다. 순임금이 얕고 가벼운 말도 존중해주고, 나

4. 장현광, 공조판서 사직상소

쁜 말이라 해서 탓하지 않으며, 좋은 말을 칭찬한 것은 그래서이다.

물론 그렇다고 어떤 말이든지 다 주의를 기울일 필요는 없다. 장현광도 이렇게 말한다. "바라옵건대, 전하께서는 선언(善言)을 취하는 일을 유념하셔야 합니다. 맹자가 말하기를, '선언을 좋아한다면 천하를 다스리기에도 넉넉하거늘 하물며 한 나라에 있어서이겠는가.'라고 하였으니, 선언은 진실로 만 가지 복의 근원입니다." 어떤 말이든 경청하되 거기서 '선한 말'을 가려내 명심하고, 그것을 정치하는 근본으로 삼으라는 것이다. 그렇다면 '선'이란 무엇인가.

신이 살펴보건대, 옛사람과 지금 사람 중에 마땅히 선을 행해야 하고, 마땅히 불선(不善)을 하지 말아야 한다는 것을 모르는 이는 없습니다. 그런데 마땅히 하여야 할 것을 하고 마땅히 하지 말아야 할 것을 하지 않는 자는 항상 적으며, 마땅히 하여야 할 것을 하지 못하고 마땅히 하지 말아야 할 것을 하는 자는 항상 많으니, 어째서입니까? 그것은 이 '선' 이외에는 다른 도리가 없어서, 이것을 따르면 반드시 성공하고 반드시 이롭고 반드시 길하고 반드시 복을 받으며, 이것을 어기면 반드시 실패하고 반드시 해롭고 반드시 흉하고 반드시 화를 받는다는 것을 알지 못하기 때문입니다.

장현광이 직접 개념설명을 하지는 않았지만 '선'이란 '인간으로서 마땅히 실천해야 할 도리' 정도로 이해가 가능할 것이다. '선한 말'도 '인간으로서 마땅히 해야 할 말', '인간으로서 마땅히 해야 할 도리를 담은 말'이라고 볼 수 있는데, 임금은 이 '선한 말'을 항상 유념하며 정치를 펼쳐야 한다는 것이다. 그래야 정치의 중심을 지킬 수 있고 정도에서 벗어나지 않게 된다. 선한 말 속에 담겨 있는 "선을 보기를 분명히 하고 그 선을 행하기를 돈독히 한다면" 이루지 못할 사업은 없으리라는 것이 장현광의 판단이다.

요컨대, 그가 상소를 통해 강조한 것은 임금은 선한 말에 귀 기울여야 하고 실천에 힘써야 한다는 것이다. 장현광은 평소 임금의 자만을 경계해왔는데, 그는 당시 임금이었던 인조가 독선과 의심으로 나라를 위기에 빠뜨리고 있다고 생각했다. 인조반정공신들의 전횡도 심각했으므로 이를 견제하고자 사직서를 빌어 경고를 보낸 것이다. 하지만 불행히도 인조와 집권세력은 달라지지 않았다. 인조는 심지어 신하들의 의견을 무시하고 아무런 대책도 없이 청을 자극하다가 병자호란을 초래하기까지 했다.

병자호란이 발발하자, 장현광은 여든셋의 노구를 이끌고 선비들을 모아 적과 맞서 싸우자는 통문을 각 지방에 돌렸다. 재산을 갹출하여 의병을 지원하는 등 헌신적으로 활동했다. 그러나 얼마 지나지 않아 인조가 남한산성을 나와 청 태종에게 항복하자, 절망에 빠진 그는 산속으로 들어가 끝내 나오지 않고 생을 마쳤다. 사직상소에 담았던 간곡한 염원이 실현되는 것을 끝내 보지 못한 채 말이다.

5

백성을 편안케 하는 일에 모든 것을 건 재상

김육, 우의정 사직상소

김육(金堉) / 1580년(선조 13년)~1658년(효종 9년)

본관은 청풍(清風), 호는 잠곡(潛谷)이다. 광해군 때 북인정권의 영수 정인홍을 공격하여 과거응시자격을 박탈당하였고, 이후 은거하며 학문을 닦았다. 인조반정과 함께 출사하여 요직을 두루 역임하며 민생 분야에 많은 업적을 남겼다. 기존 공납제가 가진 폐단을 해결하고자 대동법(大同法)의 확대 시행을 위해 평생을 바쳤다.

#김육 #잠곡 #대동법

임금의 정치에서 백성을 편안케 하는 것보다 우선하는 일은 없습니다. 백성이 안정되어야 나라도 평안할 수 있기 때문입니다. …… 대동법은 부역을 고르게 하여 백성을 편하게 해주는 것으로, 실로 이 시국을 구제할만한 좋은 계책입니다. 비록 여러 도에 두루 시행할 수는 없다고 하더라도 이미 경기(京畿)와 관동(關東, 강원도)에 시행하여 힘을 얻었으니, 만약 양호(兩湖)에서도 시행한다면 백성을 안정시키고 나라에 이익이 될 것입니다.[28]

1649년 김육은 전라도와 충청도에 대동법을 시행할 것을 청원하며 우의정에서 물러나겠다는 상소를 올렸다. 광해군 시절 처음 도입된 대동법은 백성이 나라에 바치는 공물(貢物)을 특산물 대신 쌀로 일원화한 제도이다. 또한, 부과기준을 '가구(戶)'에서 '토지 면적'으로 전환함으로써 소득수준에 따라 세액이 결정되도록 했다. 백성들의 부담을 크게 낮춰준 것이다.

그러자 양반·지주층이 거세게 반발했다. 자신들이 소유한 땅의 넓이만큼 내야 할 세금도 늘어났기 때문이다. 조정의 대신들도 "백성들은 대동법을 편하게 여기는데 호족들이 달갑지 않게 여긴다고 합니다. 백성들이 편하게 여긴다는 말이 근사해 보이기는 하지만, 대가거족(大家鉅族)[29]이 불편하게 여기며 원망을 하는 것이라면 이 또한

---

28) 『효종실록』 즉위년 11월 5일

29) 지체가 높고 번창한 집안

　　　　　　　　　　　　　　5. 김육, 우의정 사직상소

우려스러운 일입니다."[30]라고 말하는 등 부정적인 견해를 보였다. 지지기반의 이탈을 가져올 수 있다고 본 것이다.

이러한 시각은 효종이 즉위한 후에도 별반 달라지지 않았다. 다만 기근이 계속되고 기존 공납 체제의 문제점이 심화하면서 백성의 불만이 폭증하자, 어떻게든 이를 해결해야 한다는 데 의견이 모였다. 대동법의 시범시행도 그런 맥락에서 논의된 것인데, 김육은 여기서 한 걸음 더 나아가 대동법의 확대시행을 주장하고 나섰다. 하지만 이조판서이자 당시 여론을 주도했던 김집 등이 강하게 반대했고, 이에 김육은 우의정을 사직하겠다며 배수의 진을 쳤다. 앞의 사직상소에서 이어지는 부분이다.

신이 대동법을 시행하고자 조급해하는 것은 이 일은 왕위를 이어받은 초기에 행해야 하기 때문입니다. 더욱이 농사가 흉작이었다면 시행하기 어려웠을 것이나 다행히 올해 조금이나마 풍년이 들었으니, 이는 하늘이 이 법을 시행할 수 있도록 편하게 만들어준 것입니다. 또한, 내년부터 시행하려면 반드시 겨울이 오기 전에는 결정해야 합니다. 신이 시기를 놓칠까 봐 두려워하는 것은 바로 이 때문입니다. 신이 올린 말이 혹 쓸 만하다면 백성들에게 다행일 것이요, 만일 채택할 만하지 못하다면 이는 제가 노망하여 일을 잘 헤아리지 못하는 사람인 것이니, 장차 이런 재상을 어디에 쓰겠습니까.

---

30) 『인조실록』 2년 12월 17일

요즘에도 자주 쓰는 말이지만, 개혁에는 적기가 있다. 지도층이 물갈이되고, 새로운 변화가 요구되며, 여론의 지지가 뒷받침되는 '정권 초기'가 바로 그때이다. 이 시기를 놓치면 개혁의 추동력은 현저히 감소한다. 김육이 즉위 초기에 이 일을 단행해야 한다고 주장한 것은 그래서였다. 정책 시행환경도 적절해야 한다. 가령 세금을 내지 못할 정도로 흉년이 든 상황에서는 세제를 바꾸어봤자 효과를 기대할 수 없다. 새 제도의 정착 과정에서 수반되는 행정비용을 감당하기 위해서라도 재정여건이 좋은 시기를 택해야 한다. 그뿐만이 아니다. 정책이 행정 스케줄에 따라 무리 없이 집행되도록 하기 위해서는 처리 시점도 중요하다. 김육은 이 세 가지 사항을 지적하며 지금이야말로 세 조건이 모두 충족되는 때라고 강조했다.

한발 더 나아가, 김육은 우의정을 사임하겠다고 말한다. 그는 자신의 말이 채택할 만한 것이 못 된다면 이런 쓸데없는 말을 하는 재상은 존재할 필요가 없으니 차제에 물러나겠다고 밝힌다. 자신이 그대로 있길 바란다면 대동법을 시행해달라는 압박이었다.

그런데 효종은 이 사직서를 수리하지 않았다. 재상으로서 김육의 경륜이 필요했을 뿐 아니라 현실적으로 김육을 대체할 만한 경제관료가 존재하지 않았기 때문이다. 그렇다고 김육의 주장을 받아들이지도 않는다. 대동법을 전면적으로 실시하기에는 넘어야 할 산이 많았던 까닭이다. 더구나 대동법을 반대하는 목소리는 여전히 높았다.

그러자 김육은 "신은 몹시 고루한 사람이어서 기묘한 꾀나 비밀스러운 책략 따위는 알지 못합니다. 신은 오직 『서경(書經)』의 '백성들을 감싸주어 보호하라.'는 것, 『논어(論語)』의 '용도를 절약해서 백성을 사랑하라.'는 것, 『중용(中庸)』의 '여러 백성을 자식처럼 사랑하라.'는 것, 『대학(大學)』의 '백성의 뜻을 얻으면 나라를 얻는다.'는 것이 만세에 마땅히 행할 도리라고 여깁니다. 이에 부역을 고르게 하여 백성들을 안정시켜 나라의 근본을 튼튼하게 하고자 하였을 뿐입니다."[31]라며 거듭해서 사직상소를 올렸다.

김육에 따르면, 대동법은 조선의 통치이념인 유학(儒學)의 가르침에 기반을 두고 있다. 그렇다면 유학자를 자임하는 대동법의 반대세력들 역시 이 법을 배척해서는 안 된다. 오히려 대동법을 실행하는 일에 적극적으로 나서는 것이 유학자로서의 본분에 충실한 일이다. 김육은 이처럼 명분을 확립함으로써 반대세력의 논리를 제압하고자 했다.

이후에도 김육은 좌의정과 영의정을 거치면서 대동법의 시행과 확대를 위해 온갖 노력을 다했다. 그 과정에서 그는 다시 십여 차례 사직상소를 올렸는데, 모두 대동법과 관련된 내용을 담고 있었다. 요컨대, 당시 김육의 사직상소는 대동법에 대한 입법 취지이자 정책설명서였으며, 대동법을 향한 집념의 기록이었다고 평가할 수 있다. 대동법만 시행될 수 있다면, 그래서 좀 더 많은 백성에게 혜택이 돌아가고 백성들의 삶이 좀 더 편안해질 수 있다면, '일인지하 만인지상'이라는 재상의 자리는 그에게 아무것도 아니었다.

---

31) 『효종실록』 1년 1월 10일

무릇 어떤 일의 관철을 요구하며 사직하겠다는 말은 그 일을 위해 자신의 모든 것을 건다는 의미이다. 사사로운 의도나 욕심이 없다는 것을 보여주고 임명권자의 신임을 재확인함으로써 반대세력과 싸울 힘과 명분을 얻기 위한 목적도 있다. 김육은 대동법을 위해 자신의 모든 것을 걸었다. 그는 '인생의 사직서'라고 할 수 있는 유언에서조차 이렇게 말한다.

호남에 대동법을 시행하는 일에 관해 신이 이미 서필원을 추천하여 맡겼는데, 신이 죽고 나면 이를 도와주는 자가 없어 일이 중도에 폐지되고 말까 염려됩니다. 부디 전하께서 격려해주셔서 신이 뜻한 대로 일을 마칠 수 있도록 허락해주옵소서.[32]

---

32) 『효종실록』 9년 9월 5일

6

왕을 바른 길로 이끌고자 왕명을 거스른 충신

이이, 대사간 사직상소 1

이이(李珥) / 1536년(중종 31년)~1584년(선조 17년)

이황과 더불어 조선 성리학의 기틀을 확립한 학자로 본관은 덕수(德水), 호는 율곡(栗谷)이다. 『성학집요(聖學輯要)』, 『동호문답(東湖問答)』 등의 저술을 남겼으며, 현실에서의 실천을 강조했다. 조선 사회 전 분야에 걸친 대경장(大更張)을 위해 노력했으나 당쟁에 휘말려 결실을 보지 못했다.

#이이 #율곡 #성학집요 #대경장

1567년 선조가 즉위하면서 조선 사회는 희망에 부풀었다. 부패한 척신들이 국정을 농단하던 어두운 시대가 끝나고, 올바른 유학자인 사림(士林)이 새로운 세상을 열어갈 것이라는 기대였다. 명종의 거듭된 부름에도 꿈쩍하지 않던 이황이 조정에 출사했고, 조광조의 제자인 백인걸이 중용되었으며, 기대승이나 이이와 같이 촉망받던 학자들이 본격적인 활동을 시작했던 것도 이러한 분위기와 무관하지 않았다.

하지만 얼마 지나지 않아 희망은 절망이 된다. 오만하고 의심이 많던 선조는 임금으로서 제 역할을 하지 못했고, 척신이라는 공동의 적이 사라진 사림 역시 이내 편을 갈라 싸우기 시작했다. 임금은 신하를, 신하는 임금을, 신하는 다른 신하를 불신하면서 조정은 혼란에 빠졌다.

이에 뜻있는 선비들이 상황을 바로잡고자 나섰는데, 대표적인 이가 바로 율곡 이이다. 이이는 강한 어조로 임금의 태도를 비판했으며, 갈수록 치열해져만 가는 붕당의 대립을 조정하고자 온 힘을 쏟았다. 이러한 그의 노력은 각각 1578년(선조 11년), 1579년(선조 12년)에 제출되었던 대사간(大司諫)[33] 사직상소에 잘 드러난다. 여기에서는 그 내용을 두 장에 걸쳐 차례로 살펴보고자 한다.

1578년 5월 1일, 대사간에 임명된 이이는 곧바로 사직 의사를 밝혔다.

---

33) 정3품 당상관(堂上官)으로 국정에 대한 간언을 담당했던 기구인 사간원(司諫院)의 수장이다.

신이 쓸 만한 사람인지를 알고자 한다면 마땅히 당면한 일들에 대해 하문하셔야 합니다. 그리하여 신의 말이 채택할 만한 것이 못 된다고 여기신다면 다시는 소신을 부르지 마옵소서.[34]

선조는 그동안 여러 차례 이이를 요직에 등용했지만, 정작 그의 말에는 귀 기울이지 않았다. 임금이 자신의 간언을 들을 생각이 없으니 사직하는 것이며, 앞으로도 계속 그럴 거라면 더는 자신에게 출사하라고 명하지 말라는 것이다.

이러한 이이의 반응에 선조도 그날로 임명을 철회하고 "하고 싶은 말이 있는 것 같으니 글로 써서 아뢰라."라고 말한다. 선조가 진심으로 이이의 말을 경청하려고 했다면 아마도 사직서를 수리하지 않고 저렇게 말했을 것이다. 선조는 '이이가 사직하고 물러간 것을 교만하고 과격하여 그런 것이라 여겨' 언짢아했다. 하고 싶은 말을 하라는 것은 의례적인 수사에 지나지 않았다.

그런데 이이는 기다렸다는 듯 장문의 글을 올렸다.

지금 하늘이 노여워하고 백성은 곤궁하여 나라의 형세가 위태로워졌음은 전하께서도 익히 알고 계실 것입니다. …… 임금은 한 나라의 근본으로 정치가 잘 다스려지냐 혼란스러우냐는 오로지 임금에게 달려 있습니다. 임금이 할 도리를 다했는데도 나라가 다스려지지

---

34) 『선조수정실록』 11년 5월 1일: 이하 본 장에서 인용한 글의 원전 출처는 모두 해당 실록 기사임

않는다는 것은 있을 수 없는 일입니다.

이이는 민생이 도탄에 빠지고 국정이 혼란한 이유는 다름 아닌 선조 때문이라고 지적했다. 그는 정치, 민생, 안보 등 시급한 당면 과제들을 진단하고 그에 대한 대책을 제시하면서도, 그 이전에 먼저 선조가 자신의 오만함을 반성하고 달라지지 않는다면 아무런 소용이 없다고 강조했다.

전하께서는 자기 자신을 과신하면서 다른 사람의 말을 듣는 것은 소홀하십니다. 물론 선(善)을 택하여 중용을 지키며 자신을 믿는다면 덕을 이룰 수 있습니다. 하지만 아직 중심을 잡고 올바름을 얻지 못한 상태에서 자신만 믿는다면 "오직 내가 하는 말에 따르고 나의 뜻을 어기지 말라."라고 하다가 나라를 망친 옛 임금들의 행태와 무엇이 다르겠습니까. 『서경』에 이르기를 "남이 나보다 못하다고 말하는 자는 나라를 망치며, 자신의 의견만 고집하면 협소해진다."고 하였습니다. 전하께서는 전하의 학문이 이미 완성되어 더는 남의 도움을 받을 것이 없다고 여기십니까? 아니면, 다른 일에 마음을 쓰느라 그럴 겨를이 없으십니까? 그도 아니면, 시비와 선악을 가리는 일에 아예 관심이 없어 그러시는 것입니까? …… 설령 정말로 전하의 학문이 완성되었다 하더라도 마찬가지입니다. 요(堯)임금은 자신의 의견을 버리고 남의 좋은 점을 따랐으며, 순(舜)임금은 남에게 좋은 점이 있으면 그것을 취하여 그들과 함께 올바름을 실천했습니다. 우(禹)

임금은 훌륭한 말을 들으면 절을 했고, 탕(湯)임금은 간언을 따르며 어기지 않았습니다. 전하의 덕은 분명히 이 네 분 성인에 미치지 못합니다. 그런데도 자만하여 남의 말을 소홀히 하셔서야 되겠습니까?

이이가 보았을 때 임금에게 가장 중요한 것은 열린 마음으로 경청하는 일이다. 국가와 백성을 위해 항상 최선의 결정을 내려야 하는 임금은 그 선택의 올바름을 확보할 수 있도록 다른 사람들의 조언을 얻어 부족함을 채우고 더 나은 방향을 찾아야 한다. 요, 순, 우, 탕과 같은 성군(聖君)들이 자신의 총명함을 과신하지 않고 다른 사람들의 좋은 말을 수용하려고 애썼던 것도 그 때문이다. 그런데 아직 이들 임금의 경지에 훨씬 미치지 못하는 선조가 자신만 옳다는 아집에 빠져 독단적으로 정치를 행하고 있으니, 그래서야 되겠느냐는 것이다.

　이이는 선조에 대한 비판을 이어갔다.

쓸 만한 재능을 가진 선비가 있으면 전하께서는 그가 일을 벌이는 것을 좋아할까 봐 걱정하시고, 곧은 말을 개진하며 논쟁하는 선비가 있으면 전하께서는 그가 명령을 어길 것이라며 지레 싫어하십니다. 유학자로서의 행실을 실천하는 선비가 있으면 전하께서는 그가 겉으로만 그럴듯하게 꾸민다고 의심하십니다. 소신은 모르겠습니다. 대체 어떤 도를 배우고 어떤 계책을 아뢰어야 전하의 마음에 부합하여 신뢰를 얻을 수 있습니까?

이 문제도 결국 자만 때문이다. 흔히 나만 옳다고 생각하는 사람은 문제가 발생해도 결코 그 원인을 자신에게서 찾지 않는다. 일이 실패하면 그것은 다른 사람 탓이다. 내 판단은 분명히 옳았지만 다른 사람들이 방해해서, 혹은 다른 사람들이 듣지 않아서 실패한 것이다. 이런 사람은 처음부터 다른 사람을 믿지 않는다. 다른 사람을 판단할 때도 오로지 주관적인 잣대를 사용한다. 그에게는 내 생각을 따르는 사람이 좋은 사람이고, 내 생각을 반대하는 사람은 나쁜 사람이 되는 것이다.

그 밖에도 이이는 선조의 잘못과 허물들을 가감 없이 거론했다. 살벌함마저 느껴지는 문장은 그가 이 사직상소에 목숨을 걸었음을 보여준다. 이이는 상소의 끝에 이렇게 적었다.

부디 전하께서는 기회를 놓치지 마옵소서. 「하서(夏書)」[35]에 이르기를 "조짐이 나타나기 전에 미리 대처해야 한다."라고 하였습니다. 지금은 이미 위태로운 조짐이 드러났으니, 형세가 매우 급박하여 바로잡을 일이 시급합니다. 조금도 늦출 수가 없습니다.

이이는 절박했다. 병이 들기 전에 예방했다면 좋았겠지만, 병이 아직 심하지 않은 지금이라도 치료에 나서야 한다. 이때를 놓치면 더는 손 쓸 수 없는 지경에 이르기 때문이다. 하여 이이는 왕명을 거역하

---

35) 『서경』의 한 편명

고 사직상소라는 강경한 형식을 통해 선조를 일깨우고자 한 것이다. 선조에게 달라지고자 하는 의지가 있었는지는 알 수 없다. 어쨌든 이후 선조는 이이에게 대사헌, 대제학, 병조판서, 이조판서 등의 중임을 맡겼다. 하지만 다시 한 번 이이를 좌절하게 만드는 거대한 바람이 분다. 그것은 바로 '붕당'이라는 태풍, 아니 회오리였다. 다음 장에서 계속된다.

7

정치생명을 걸고 붕당 간 갈등 해결에 나서다

이이, 대사간 사직상소 2

1575년(선조 8년) 10월 1일, 선조는 김효원을 부령부사로, 심의겸을 개성유수로 각각 발령했다. 두 사람을 중심으로 동인과 서인이라는 붕당(朋黨)이 형성되어 대립이 심해지자, 사태를 진정시키기 위해 둘을 외직으로 내보낸 것이다. 바로 율곡 이이의 건의에 따른 조치였다.

사실 붕당을 바라보는 이이의 심경은 참담하고 곤혹스러웠을 것이다. 3년 전, 영의정 이준경이 붕당의 조짐을 경고했을 때 이이는 그런 일은 없다며 반박한 바 있다.[36] 붕당을 결성했다는 죄목으로 조광조 등 선비들이 대거 화를 입었던 기묘사화(己卯士禍)의 비극이 되풀이되는 일을 염려했기 때문이다. 하지만 어쨌든 동서 붕당이 확산하기 전에 선제적으로 대응할 기회를 놓친 것이다. 그 책임감 때문이었을까? 이이는 관직에 있는 동안 누구보다도 열심히 붕당 문제를 해결하고자 노력했다.

붕당에 대한 그의 고심은 1579년 5월에 올린 대사간을 사직하는 상소에 잘 드러난다. 여기서 그는 "오늘날 동인과 서인에 관한 논의가 큰 문젯거리가 되고 있으니, 신은 이 점이 매우 우려스럽습니다."[37]라며 붕당에 대한 견해와 대책을 상세히 개진했다.

이이의 설명을 종합하면, 붕당은 '선배 사림'과 '후배 사림' 간의 갈등에 심의겸과 김효원의 감정싸움이 결합하면서 생겨났다. 척신정권의 비판적 참여자였던 선배 사림과 척신이 몰락한 후 조정에 출사한 후배 사림은 '지조를 지키지 못했다.', '지나치게 급진적이다.'라며

---

36) 『선조실록』 5년 7월 1일
37) 『선조수정실록』 12년 5월 1일: 이하 본 장에서 인용한 원전의 출처는 모두 해당 실록 기사임

서로를 부정적으로 평가하고 있었다. 여기에 더해 '외척이었지만 사림을 보호하는 일에 힘쓴' 심의겸과 '몸가짐이 맑고 뜻이 높은 선비' 김효원이 대립하자 선배 사림은 주로 심의겸을 지지했고, 후배 사림은 대부분 김효원을 중심으로 뭉쳤다는 것이다.

하지만 이때까지만 해도 '당쟁'이라고 부를 정도는 아니었다. 어느 한쪽으로 분류하기가 힘든 사람도 많았다. 그런데 "괜한 일을 만들어 소문내기 좋아하는 자들이 동인과 서인에 관한 갖은 설을 지어내어 실상은 살펴보지도 않고 단지 의겸과 가까운 사람은 서인으로, 효원과 가까운 사람은 동인이라고 하니, 조정의 신하들이 모두 동·서로 편입"되었고, 시간이 흐르면서 굳어져 "논의가 갈수록 과격해지고 바로잡아 제지할 수 없는 지경에 이른 것"이다.

그렇다면 이와 같은 상황을 어떻게 해소해야 할까. 이이는 양시양비론을 선택한다.

효원도 신이 아는 자이고 의겸도 신이 아는 자입니다. 이 둘의 사람됨을 논한다면 다 쓸 만합니다. 잘못을 논한다면 두 사람 모두에게 있습니다. 이 중 한 사람을 군자라 하고 다른 한 사람을 소인이라고 부른다면, 신은 그 말에 결코 동의할 수 없습니다.

이이에 따르면, 두 사람 모두 능력이 뛰어난 사람들이지만 심의겸은 외척으로서 정치에 개입하려 한 잘못이 있고, 김효원은 사적인 감정으로 심의겸을 비난한 잘못이 있다. 따라서 먼저 자신의 잘못을 인정하고 반성해야 한다는 것이다. 그리되면 자연스레 화합할 여지가 생긴다는 것이 그의 판단이었다.

이러한 이이의 입장은 미봉책이라는 반론에 부딪힐 수 있었다. 그도 이 점을 예상하고 다음과 같이 말한다.

지금 사람들은 신에게 '둘 다 옳다고 얼버무리니 시비가 분명하지 않다.'고 나무랍니다. 천하에 어떻게 둘 다 옳고 둘 다 그른 것이 있을 수 있느냐고 비아냥거립니다. 하지만 옳고 그름을 논함에 있어 세상에는 둘 다 옳고 둘 다 그른 경우가 분명히 존재합니다.

우리가 갈등을 해소하기 위해서는 무엇보다 나는 옳고 상대방은 틀렸다는 생각에서부터 벗어나야 한다. 갈등은 선과 악, 옳고 그름의 사이에서 생겨나지 않는다. 신념과 신념, 목표와 목표가 충돌할 때 빚어지는 것이 갈등이다. 개개인이 가진 생각의 차이, 인식의 차이, 경험의 차이, 이 '차이'가 갈등을 일으키는 것이다. 따라서 필요한 것은 '차이'를 인정하고 받아들이는 일이다. 나도 옳고 상대도 옳다는 것이 전제되어야 서로 이해하고 합의점을 끌어낼 수 있다. 이이는 바로 이 점을 이야기하는 것이다.

또한, 갈등이 꼭 나쁜 것만은 아니다. 적절한 수준의 갈등은 건강한 긴장을 불러일으킨다. 집단사고의 함정에서 벗어날 수 있게 해주며 창의력을 높여주기도 한다. 실제로 어떤 일에 대한 의견과 아이디어의 차이에서 생겨나는 갈등인 '직무갈등(task conflict)'의 경우, 조직과 구성원들에게 긍정적인 효과를 가져다준다는 연구결과가 많다. 문제는 이것이 개인의 감정이 좌우하는 영역인 '관계갈등(relationship conflict)'과 합쳐지게 되면 부정적인 결과를 초래한다는 점이다. 비전과 역량의 경쟁은 사라지고 쓸데없는 감정싸움만 남게 되는 것이다. 이이가 진단한 붕당의 문제점도 이와 같았다.

더 나아가 이이는 붕당으로 인한 갈등이 정치 본연의 임무까지 소멸시킨다고 우려했다.

동인과 서인이 서로 버티게 된 뒤로부터 상대가 나를 도모할까 두려워하여 이를 견제하느라 다른 일들에는 모두 손을 놓았습니다. 이런 까닭에 벼슬길이 혼탁해져 기강이 날로 무너지고 있고, 백성의 삶이 쇠잔해져 가도 바로잡아 구제하지 못합니다. 대체 누가 군자의 이름을 얻고 누가 소인의 이름을 얻느냐가 곤궁한 백성들에게 무슨 보탬이 되겠습니까?

시시비비를 밝혀 군자당과 소인당의 구분을 명확히 하겠다는 명분을 내세우지만, 그것이 당장 오늘을 살아가기에도 힘든 백성들에게 무슨 도움이 되느냐는 것이다. 좋은 정치를 펼치겠다면서 정쟁에만 몰두하고, 상대 당파를 이기는 것을 최우선 과제로 여기느라 민생을 저버리는 행태를 그는 강하게 비판한다.

지금 조정의 분열을 해소하지 않고 저들이 서로 헐뜯고 다투게 내버

려 둔다면 머지않아 종기가 곪아 터지는 아픔이 오늘날보다 더욱 심할 것이옵니다. 전하께서는 동인과 서인의 묵은 감정을 씻어버리고 다시는 서로를 구별하지 말도록 명하옵소서. 당파와 상관없이 그 사람이 어질고 재능이 있으면 등용하고, 그러지 못하면 버리시옵소서. 편벽되게 자기 의견만 고집하는 자와 자기만 옳다고 여기는 자는 억제하고, 남을 모함하여 없는 말을 지어내거나 공연한 일을 만들려고 하는 자는 배척하옵소서.

이이는 당사자들 간의 자발적인 화해가 어렵다면 임금이 강제로라도 개입해야 한다고 주장했다. 공정한 인재 등용을 통해 갈등을 억제하고 조정의 분위기를 일신할 것을 요청했다. 이러한 이이의 주장은 붕당의 반발을 살 것이 불 보듯 뻔했지만 그는 물러서지 않았다.

이제 신의 상소가 아침에 전하께 올라가면 저녁도 되지 않아 신을 헐뜯는 말이 쏟아질 것이옵니다. 이를 너무나 잘 알고 있으면서도 그만두지 않는 것은 신이 받은 큰 은혜를 보답할 길이 없기 때문입니다. 진정 나라에 이익이 된다면 이 몸을 다 바치더라도 어찌 주저하오리까.

이이의 사직 상소는 배수의 진이나 다름없었다. 정치적 생명을 걸고 문제 해결에 나서겠다는 의지의 표현이었다. 자신이 앞장설 테니 임금도 노력해달라는 것이다. 그러나 선조는 이이의 생각이 잘못되었다며 곧바로 그를 해임한다. 몇 년이 지나 상황의 심각성을 깨달은 선조가 이이에게 힘을 실어주려 했지만 이미 늦은 뒤였다. 1584년(선조 17년) 1월, 이이도 조정의 화합을 이끌어내고자 했던 바람을 끝내 실현하지 못한 채 눈을 감는다.

8

언로의 자유를 지키고자 분투했던 참 선비

조광조, 정언 사직상소

조광조(趙光祖) / 1482년(선조 13년)~1519년(중종 14년)

기묘사화로 목숨을 잃었다. 호는 정암(靜庵). 저명한 성리학자 김굉필의 제자로, 조정 내 사림파의 중심인물이었다. 유학의 이상을 실현하고자 '도학(道學)정치'를 내세우고 다양한 개혁을 시도하였으나, 중종과 훈구공신세력에 의해 좌절했다. 급진적이고 과격하다는 의견도 있지만 실천유학의 모범으로 존경을 받았다.

#조광조 #정암 #중종 #기묘사화 #훈구파 #사림파 #기묘팔현 #현량과 #위훈삭제

근자에 박상, 김정 등이 구언(求言)에 따라 임금께 말씀을 올렸는데, 그 말이 지나쳤다면 쓰지 않으면 그만이거니와 어찌하여 저들에게 죄를 묻는단 말입니까? 더욱이 대간(臺諫)[38]은 언로(言路)를 잘 열어 놓아야 그 직분을 다해냈다고 말할 수 있습니다. 설령 대신들이 김정 등에게 벌을 주라고 청하더라도 대간은 이들을 구제하고자 노력해야 할 것인데, 지금은 도리어 죄를 물어야 한다며 앞장섰습니다. 언로를 넓히기는커녕 스스로 언로를 훼손하여 그 직분을 잃은 것이니, 신이 이제 정언(正言)이 되어 어찌 직분을 잃어버린 대간과 같이 일할 수 있겠나이까? 신과 대간은 서로를 용납할 수 없으니 모두를 파직하여 다시 언로를 여시옵소서.[39]

1515년(중종 10년) 11월, 정암 조광조는 사간원의 정6품 벼슬인 '정언'에 임명된 지 이틀 만에 사직상소를 올렸다. 석 달 전에 중종이 '구언'을 실시했을 때 담양부사 박상과 순창군수 김정이 폐비 신씨의 복위를 건의하자 대간은 두 사람을 탄핵한 바 있었는데, 조광조가 이를 지적한 것이다.

원래 이 문제는 크게 확대될 성질의 것은 아니었다. '구언'은 정치의 잘잘못에 관해 널리 의견을 들어 정책에 반영하는 행위이다. 주로 천재지변 등 나라에 위기상황이 일어났을 때 행해진다. 임금이 구언을 지시하면 사람들은 그 어떤 말을 올려도 괜찮았다. 임금의

---

38) 사헌부와 사간원의 관원들을 총칭하는 것으로 간언(諫言)을 임무로 한다.
39) 『중종실록』 10년 11월 22일

정치를 신랄하게 비판해도 되고, 급진적이고 과격한 주장을 해도 된다. 구언은 무슨 말이든 용인되고 책임도 묻지 않는 것이 원칙이다. 따라서 박상과 김정의 건의도 처벌해서는 안 되는 것이었다.

문제는 두 사람의 주장이 정치적으로 매우 민감한 사안을 건드렸다는 데 있다. 폐비 신씨는 중종이 왕자 시절에 맞이한 첫째 부인으로 반정 세력에 의해 제거된 신수근의 딸이다. 신씨가 아버지의 복수를 할까 봐 두려웠던 공신들은 중종의 반대에도 불구하고 신씨를 강제로 폐출시켰다. 이는 명분에 어긋났던 일로, 중종 10년 둘째 부인인 장경왕후가 승하하자 박상과 김정은 이참에 신씨를 복위시킴으로써 어그러진 왕실의 질서를 바로잡아야 한다고 주장한 것이다.

얼핏 별일이 아닌 것처럼 보이지만, 만약 신씨를 중전으로 올리려면 아무 잘못이 없는 그녀를 폐위시킨 반정공신들의 죄를 물어야 했다. 반정을 통해 옹립된 중종으로서는 도저히 고를 수 없는 선택지였다. 더욱이 여전히 조정의 기득권을 차지하고 있던 반정공신 세력이 이 상소에 거세게 반발하고 있었다.

이에 중종은 박상과 김정에게 죄를 물음으로써 사태를 무마하고자 했다. 공신들의 영향 아래 있던 대간도 이들에 대한 대대적인 공세에 나섰다.[40] 결국 두 사람은 귀양을 가게 되었는데, 이로써 일단락된 것처럼 보인 사건을 조광조가 다시 거론하고 있다.

---

40) 『중종실록』 10년 8월 11일

조광조는 신씨 문제 자체에 대해서는 언급하지 않았다. 그가 문제 삼은 것은 임금과 대간이 보여준 태도였다. 어떤 말이든 해도 좋다는 '구언'을 지시했으면서 말의 내용을 문제 삼아 당사자를 처벌하고, 또 옆에서 그것을 부추기는 일은 옳지 못하다는 것이다. 위에서 마음껏 말하라고 해도 아래서는 '정말 그래도 될까?', '혹시 처벌받지는 않을까?' 하는 의구심을 갖는 법이다. 하물며 어렵게 꺼낸 말이 틀렸다며 문책을 당하게 된다면 사람들은 이내 입을 닫고 자기 생각을 절대로 이야기하지 않을 것이다. 그리되면 나라에 도움이 되는 좋은 의견들도 함께 사장되어버린다는 것이 조광조의 생각이었다.

조광조가 사직상소를 올리자 중종은 그를 불러 변명했다. "언로가 통하고 막히는 것에 대한 그대의 말은 실로 옳다. 그러나 김정, 박상 등은 아랫사람으로서 해서는 안 될 말을 꺼냈으므로 대간이 죄주기를 청한 것이다." 조광조는 이 말에 수긍하지 않았다.

저들의 말이 옳지 않음은 분명합니다. 하지만 설령 상소가 그르다 하더라도 놔두고서 따지지 않아야 임금의 경청하는 덕이 드러나는 법입니다. 지금 이 일은 재상도 시비를 논하지 않았습니다. 하온데 대간에서 굳이 죄를 물으라고 청하니 이는 전하를 의롭지 못한 일에 빠뜨리는 것입니다. 전하로 하여금 간언을 거절한 임금이라는 오명을 쓰게 만들었습니다. 일이 이 지경에 이르렀으니, 앞으로 나라에 큰일이 벌어지더라도 과연 누가 나서서 구언을 할 수 있겠습니까?

또한, 구언을 하더라도 누가 감히 말을 하겠습니까?[41]

조광조가 특히 용납할 수 없었던 것은 대간의 행태였다. 누구나 자유롭게 말할 수 있는 그 정신을 수호함으로써 언로가 막힘없이 펼쳐지도록 하는 것, 이는 대간의 의무이자 존재 의미다. 그런데 대간이 오히려 언로를 가로막고 나선 것이다. 더욱이 이 사안은 영의정 유순, 좌의정 정광필 같은 재상들도 "예로부터 제왕이 구언을 함에 있어 올라온 말이 쓸 만하면 채택하고 쓸 만하지 않으면 버리는 것이 도리입니다."[42], "지금 이 사람들에게 죄를 묻는다면 앞으로 그 누가 몸을 아끼지 않고 마음속에 있는 말을 남김없이 다 할 수 있겠습니까?"[43]라며 죄를 물어서는 안 된다고 주장한 바 있었다. 다른 사람들이 처벌하라고 해도 앞장서서 막아줘야 할 판에, 다른 사람들이 용서하라고 하는데도 대간은 처벌을 주장한 것이다. 조광조는 이런 사람들과는 결코 같이 일할 수 없다며, 자신의 사직서를 수리하고 다른 대간들도 모두 파직하라고 요구했다.

이와 같은 조광조의 사직상소는 거센 후폭풍을 일으켰다. 관직에 나선 지 얼마 되지도 않은 초임 관리가 공개적으로 소속기관 전체를 불신했기 때문이다. 그러나 조광조의 주장은 원칙과 명분에 따른 것이었고, 이를 지지하는 여론도 만만치 않았다. 조정은 이 문제를

---

41) 『중종실록』 10년 11월 22일

42) 『중종실록』 10년 8월 12일

43) 『중종실록』 10년 8월 26일

둘러싸고 5개월여에 걸친 치열한 논쟁을 벌였는데, 그 결과 박상과 김정의 죄는 사면된다.[44]

이처럼 조광조가 지키고자 했던 '언로'의 자유는 오늘날에도 필요하다. 사람들이 하는 말에는 언제나 좋은 말, 옳은 말, 도움이 되는 말만 있는 것이 아니다. 틀린 말도 있고, 불필요한 말이나 해를 끼치는 말도 존재한다. 그렇다고 옳은 말만 하라고 요구해서는 안 된다. 잘못된 말이라며 억제하려 들어서도 안 된다. 언로에 어떤 제약을 두는 순간, 그것은 다른 좋은 말까지도 모두 막아버리게 된다. 물론, 말의 옥석을 가리는 것은 필요하다. 그것이 리더가 해야 할 일이다. 그렇지만 우선은 언로의 자유를 무한히 보장함으로써 다양한 의견과 생각, 주장이 주저 없이 쏟아져 나오게 해야 한다. 우리가 혁신하고, 좀 더 나은 선택을 하고, 좀 더 나은 결과물을 도출해내는 것은 바로 여기에서부터 출발하기 때문이다.

---

44) 『중종실록』 11년 5월 8일

8. 조광조, 정언 사직상소

9

바른 정치를 위해 임금의 수양과 반성을 촉구한 대학자

이황, 무진육조소

이황(李滉) / 1501년(연산군 7년)~1570년(선조 3년)

조선 중기의 학자로 본관은 진보(眞寶), 호는 퇴계(退溪)이다. 안동에 도산서당을 짓고 학문과 수양에 힘쓰며 제자들을 양성했다. 명종이 계속 초빙했으나 관직에 나가지 않았고, 선조 때 잠시 대제학을 맡아 「무진육조소(戊辰六條疏)」를 올렸다. 주자의 학설을 깊이 연구하여 성리학의 주요 이론들을 심화·발전시켰으며, 기대승과 사단칠정논쟁을 벌이기도 했다. 평생의 학문을 응축한 저술인 『성학십도(聖學十圖)』가 유명하다.

#이황 #퇴계 #도산서당 #무진육조소 #사단칠정논쟁 #성학십도

신(臣) 이황은 삼가 재계하고 두 손 모아 머리를 조아리며 전하께 아룁니다. 신은 초야에 묻혀 사는 보잘것없는 몸으로 재주가 쓸모없고 나라를 제대로 섬기지도 못하여 향리에 돌아와 죽기만 기다리고 있었습니다. …… 올해 봄에는 품계를 뛰어넘어 벼슬을 내리시매 더더욱 받잡기 놀라웠으므로 신은 감히 전하의 위엄을 범하여 감당하지 못하겠다고 사퇴하였나이다. 비록 은혜로 너그러이 보살펴주신 덕분에 낭패는 면하였으나 벼슬의 품계는 고쳐주지 않으시니 여전히 분수에 넘치옵니다. 게다가 신이 늙고 병들어 벼슬살이를 감당할 힘도 없는데 외람되게 높은 반열을 차지하고 있어 더욱 부끄럽고 송구하니, 분수 아닌 자리에 오래 앉아 성스러운 조정의 수치가 될 수는 없사옵니다. 다만 이번에 외람되게도 전하의 은총을 입은 것이 너무도 특별하니, 신이 계책에 어둡기는 하나 정성을 다하여 어리석은 생각을 바치고자 합니다.[45]

1568년(선조 1년), 선조는 예조판서, 우찬성의 벼슬을 차례로 제수하며 안동에 은거하고 있던 퇴계 이황을 조정으로 불렀다. 품계를 훌쩍 뛰어넘어 재상의 반열에 올린 파격적인 대우였다. 온 나라에 드높은 이황의 명망을 활용하여 정국을 안정시키고 새로운 정치 동력으로 삼고자 했던 것이다.

이에 대해 이황은 거듭 사직 상소를 올린다. 하지만 이전과는 반

---

45) 이하 인용문은 모두 『퇴계집』 6권, 「무진년에 올린 여섯 조목의 상소(戊辰六條疏)」가 출처임

응이 달랐는데, 외척의 전횡이 극심했던 명종 대에는 왕이 여러 차
례 불렀어도 향리에서 한 발짝도 움직이지 않았지만, 선조가 즉위한
후에는 한양에 상경해 왕을 직접 알현하고 사직 의사를 밝히곤 했
다. 잠깐이나마 취임하여 업무를 맡아본 적도 있었다. 선조의 즉위
와 함께 시작된 소위 '사림 정치'에 기대를 했던 것이다. 그러나 이미
나이가 많고 건강도 여의치 않아 관직을 사양한 것으로 보인다. 대
신에 이황은 평소 정치에 대해 가져왔던 생각을 정리하여 왕에게 진
언한다. 이것이 바로 그 유명한 '무진육조소'이다.

　이황은 이 상소에서 모두 6가지 조항을 거론했다. 우선, 첫번째
"인효(仁孝)를 온전히 하라."와 두번째 "참소(讒訴)와 이간(離間)을 막
아라."는 선조의 왕권을 공고하게 하기 위한 것이었다. 선조는 중종
의 서손(庶孫)인 데다 선왕 명종의 명시적인 후계자 지명 없이 보위에
올랐다. 이황은 그로 인해 선조의 정통성이 흔들리지 않을까 우려했
다. 해서 그는 어진 정치를 펼치며 선왕의 뜻을 충실히 계승하는 것
이야말로 '인효'를 온전히 하는 것이고, 이런 임금에게 진정한 정통
성이 있다고 설명하며 선조의 정치적 부담을 덜어주고자 했다. 그는
"마음이란 쟁반의 물을 엎지르지 않기보다 어렵고, 선함은 바람 앞
에 촛불을 보전하기보다 어렵다."며 인과 효를 실천하기 위해 항상
노력할 것을 강조했다.

　참소와 이간을 막아야 한다는 것은 선조와 대비전[46] 사이를 가리

46) 명종비 인순왕후(仁順王后)를 말함

킨 말이다. 당시 권력은 임금인 선조뿐 아니라 선조를 왕위계승자로 지명한 대비에게도 나누어져 있었다. 왕과 대비 사이에 분란이 생기면 정국이 혼란에 빠질 수 있는 환경이었다. 따라서 이황은 간사한 자들이 그 사이를 농간하고, 없는 말을 함부로 지어내어 이익을 탐하지 못하도록 막아야 한다고 주장했다.

다음으로 세번째 조항은 "학문을 돈독히 하여 정치의 근본을 확립하라."이다. 일찍이 중국의 전설적인 성군 요임금은 순임금에게 왕위를 물려주며, 정무에 관한 이야기는 하지 않고 임금의 학문과 마음가짐에 대해서만 당부한 바 있다. 이황은 이 일을 인용하며 그 이유가 무엇 때문이겠냐고 묻는다. 그는 임금이란 "배우기를 넓게 하지 않을 수 없고, 묻기를 세심하게 하지 않을 수 없고, 생각하기를 신중하게 하지 않을 수 없고, 분변하기를 명백히 밝히지 않을 수 없으니" 반드시 학문을 기초로 삼아야 한다고 말한다. 특히 하루에도 수많은 선택을 하고 중요한 판단을 내려야 하는 임금은 "생각을 신중하게 하는 것이 더욱 소중하다." 이황에 따르면 생각이란 자신의 마음속으로부터 구하여 증험하고 도출하는 것으로, 증험의 과정에 이해타산이나 욕망, 악이 물들지 않기 위해서는 학문을 통해 생각의 질을 좀 더 완전하게 하고, 좀 더 깊게 만드는 수밖에 없다.

이어서 네번째 조항은 "기준을 확립해 인심을 바로잡아라."이다. 이황은 임금이 도덕과 윤리의 표준을 세우고, 공동체가 나아가야 할 방향을 제시해주어야 한다고 생각했다. 임금의 자의적 가치 기준을 무조건 따라오게 만들라는 뜻은 물론 아니다. 보편의 윤리를 "임금이 몸소 행하고 마음으로 터득한 다음" 그것을 기반으로 "백성이 일상생활에서 지켜나가야 할 떳떳한 윤리"를 제시하며 모범이 되어주어야 한다는 것이다. 흔히 법과 제도만으로 사회를 개혁하고 규정을 고쳐서 구성원들의 인식을 변화시키려고 하지만 이는 근본적인 해결책이 되지 않는다. 이황은 "법제를 추종하여 현행의 것을 바꾸는 것은 말단"이라며 임금이 전범(典範)이 되고, 임금이 직접 보여주며 이끄는 것이 본질이라고 강조했다. 리더와 지도층이 먼저 달라지고 변화되어야 일반 구성원들도 뒤따른다는 것이다.

다음으로 다섯번째 조항, "배와 가슴에 맡기고 귀와 눈을 통하게 하라."는 정치에 있어서 건전한 견제와 협력이 필요하다는 의미다. "임금이 머리라면, 임금을 도와 나라를 다스리는 신하는 배와 가슴에 해당한다. 이들은 반드시 임금에게 생각하는 바를 남김없이 진언하고 나라를 위한 계책을 세우는 일에 매진해야 한다." 또한, 임금이 바르게 보고 들을 수 있도록 '이목' 역할을 해주는 대간은 "임금에게 바른 소리를 하고 논쟁하며, 부족하고 빠뜨린 것을 보완하는 것으로 자신의 소임으로 삼아야 한다." 이황은 "이렇게 세 세력이 투명하게 정신을 모아 통하여 한 몸이 된다면" 자연히 선정(善政)이 펼쳐지고 세상이 태평해질 것이라고 단언했다.

마지막으로, 이황이 강조한 것은 임금의 수양과 반성이다. 임금은 하늘을 대신해 백성을 맡아 길러야 하는 무거운 책무를 가지고 있다. 그 책임을 완수하기 위해서는 잠시라도 태만하거나 소홀해서는 안 된다. 평상시에도 몸가짐을 바로 하며 자기 자신을 반성하고 채찍

질해야 한다.

그리하여 이황은 다음과 같이 상소를 마무리한다.

전하께서 묻기를 좋아하고 보잘것없어 보이는 말이라도 잘 살피며, 남에게서 장점을 취하고 선을 행하길 즐기며, 꾸준히 덕을 밝히는 공부를 매일같이 쌓아가신다면 누가 감히 정성껏 한마음으로 전하를 도와 바른 정치를 이룩하지 않겠습니까. 그리되면 신이 비록 향리에서 병들어 있다 해도 날마다 전하를 대하는 것과 무엇이 다르겠습니까. 어두운 곳에서 시들어 죽는다 하더라도 모든 생령과 함께 전하의 성스러운 은택에 젖어들 것입니다.

선조가 자신의 진언을 받아들여 정치를 위해 애써준다면 더는 여한이 없다는 것이다.

요컨대, 이황의 강조점은 '임금의 마음가짐'에 있었다. 이황은 임금이 현실 정치에서 구체적으로 어떻게 행동해야 한다거나, 어떤 정책을 선택해야 한다고 말하지 않는다. 대신 생각의 깊이를 다지고 바르게 판단하며, 솔선수범하고 반성하는 것의 중요성을 이야기한다. 이것이야말로 바른 정치의 시작이며, 지도자의 근본 과제라고 생각한 것이다. 정책의 잘잘못보다는 리더의 태도와 생각이 자주 문제시되는 오늘날 많은 시사점을 준다고 하겠다.

10

합리적인 국가 시스템 구축과 운용을 강조한 이론가

허목, 장령 사직상소

허목(許穆) / 1595년(선조 28년)~1682년(숙종 8년)

본관은 양천(陽川), 호는 미수(眉叟)로 이원익의 손녀사위이다. 예송논쟁에서 남인의 핵심
이론가로 활동하였으며, 남인이 탁남(濁南)과 청남(淸南)으로 양분되자 청남의 영수가 되
었다. 경신대출척으로 남인이 실각하자 고향에 은거하며 저술과 후진양성에 매진했다.
예학에 밝았으며 전서(篆書)에 뛰어났다.

#허목 #미수 #예학 #예송논쟁

좋은 점을 지녔다고 자부하는 자는 스스로 더 노력하지 않으므로 그 덕은 반드시 이지러지고, 자신의 능력을 자랑하는 자는 다른 사람들이 힘써 도와주지 않으므로 반드시 그 공(功)이 실추되는 것입니다. 무릇 생겨나기 쉬운 것은 욕심이고 극복하기 어려운 것은 감정입니다. 한순간이라도 생각이 나태해지면 사치와 미혹됨이 그 틈을 타서 들어오게 되고, 안락함과 즐거움이 마음을 방종하게 만들며, 칭찬하고 아첨하는 말만 귀에 가득하고 충성스러운 말은 도리어 소원해지니, 소원해지면 믿지 않고 믿지 않으면 의심하게 됩니다. 그러므로 정직한 사람은 받아들여지기 어렵고 간사하여 아첨하는 사람이 제멋대로 날뛰는 것은 예로부터 마찬가지였으니, 이것이 바로 임금께서 경계하고 성찰하시어 시종일관 변치 말아야 하는 부분입니다.[47]

눈을 덮을 정도로 눈썹이 길어 '미수'라는 호를 가졌던 허목의 사직상소 중 일부이다. 청남[48]의 영수로서 예송(禮訟)논쟁 당시 서인을 대표하는 송시열에게 맞서서 남인의 예론을 주도했던 허목은 56세가 되어서야 처음으로 벼슬을 했다. 본격적인 정치활동을 시작한 것도 63세라는 아주 늦은 나이였다. 당시로서는 평균수명을 훌쩍 넘긴 나이에 조정에 출사한 것이다.

---

47) 『기언(記言)』 별집 2권, 「사직하면서 경계할 것을 말하는 상소(辭職陳戒疏)」
48) 남인(南人)에서 갈라진 당파로, 전문 관료들이 중심이 된 '탁남(濁南)'에 비해 상대적으로 도덕성과 명분을 중시했다.

그래서였을까. 허목은 빈번하게 사직상소를 올리곤 했다. 정치에 대한 관심은 있었지만 "늙고 병들어 언제 죽을지 모른다."라는 그 자신의 말대로, 함부로 관직을 맡기가 조심스러웠을 것으로 추측된다. 활발히 정견을 제시하면서도 그것을 굳이 사직상소에 담아 올렸던 것은 바로 그 때문이었을 것이다. 허목이 자기 생애에 대해 직접 서술한 '자서(自序)'에서 "특별히 임금께서 따라주셨다."라고 말했을 정도로 중요한 위치를 갖는 상소인 1659년(효종 10년) 4월의 사직상소도 여기에 해당한다.[49]

이 상소에서 허목은 크게 4가지 문제를 건의했다. 우선, '둔전(屯田)'이다. 병사들이 평소 부대 주변의 공한지(空閑地)[50]에 농사를 지음으로써 군량을 자체 조달하도록 하는 둔전제는 군량의 수송비용을 절감할 수 있을 뿐 아니라 나라 전체의 차원에서 경작지를 늘리고 수확량을 증대시키는 장점이 있었다. 그런데 둔전의 운용과정에 부정이 개입되면서 폐단이 생겨났다. 실제 수확량에 비해 지나친 할당량이 부과되면서 과중한 부담을 견디지 못한 담당 병사들이 군영을 이탈한 것이다. 둔전이 조세회피수단으로 활용되기도 했다. 토지가 둔전으로 지정되면 면세 혜택을 받고 수확의 일부만 군량미로 내면 된다는 점이 악용되었다. 권세가들이 기름지고 멀쩡한 토지를 둔전으로 조작함으로써 세금을 탈루한 것이다.

---

49) 이하 인용문은 모두 『기언』 64권, 「사직하면서 이전의 일을 다시 아뢰는 상소(因辭職更申前事疏)」가 출처임

50) 놀려두거나 개척하지 않은 토지

여기에 대해 허목은 다음과 같이 말하며 둔전제의 폐지를 주청한다.

> 시골 사람들이 말하길, 둔전에서 소출한 곡식을 네 몫으로 나누면 한 몫은 공납하고, 한 몫은 뇌물로 주고, 나머지 두 몫은 감독관의 차지라고들 합니다. 지금 둔전이 늘어난다고 해도 나라에는 아무런 이득이 되지 않으니 그 둔전들은 모두 군영이 없는 곳에 있습니다. 둔전으로 개간했다고 하는 토지도 태반은 본래 나라에서 조세를 매기는 토지문서에 실려 있는 전지로서, 공한지는 실로 적습니다. 국가의 이득이 하나라면 손실은 백이나 되는 상황입니다.

태조 때부터 내려온 제도이므로 함부로 폐지할 수 없다는 견해가 주류를 이루었지만 그는 개의치 않았다. 둔전이 공한지를 개간해 군량을 자급자족한다는 본래의 취지를 상실하고 있으므로 더는 존재할 필요가 없다는 것이었다.

다음으로, 허목은 '예(禮)'를 강조했다. 유교 사상에서 '예'는 인간과 사회 질서를 규정하는 근본 원리로서, 정치와 행정 분야에서는 지켜야 할 절차와 매뉴얼이라는 의미가 있다. 업무의 표준이기도 하다. 허목은 당시 국정 혼란이 이 예를 준수하지 못한 데서 비롯된 것이라 진단하고, 예란 예식(禮式)을 담당하는 관리만이 숙지해야 할 것이 아니라 모든 관리가 함께 지켜야 한다고 주장했다. 때로는 번거롭고 불필요한 것처럼 보일지라도 질서이자 표준인 예가 전제되어야 업무를 하는 사람의 마음이 흐트러지지 않고 정책도 올바름을 잃지 않을 수 있다는 것이다. 그는 '변례(變禮)', 즉 예를 바꾸는 것 역시 먼저 예의 본질에 충실해야 가능하다고 보았는데, 기본이 밑받침되어야 응용도 할 수 있다는 것이다.

이어서 허목은 법질서 확립이 중요하다고 밝힌다. 법을 부차적인 수단으로 보았던 다른 유학자들과는 다른 면모였다. 그는 "유교의 정책을 중용하는 나라에서 법은 다만 그것을 담당하는 관청의 업무일 뿐이며 군자가 임금을 섬길 적에는 요순의 도가 아니면 아뢰지 않아야 합니다. 하오나 오늘날에는 부패와 해이가 극심하여 법이 아니면 이러한 상황을 타개할 수 없나이다."라고 말한다. 유학의 가르침대로라면, 법이나 형벌보다는 인의(仁義)와 예를 내세우는 것이 마땅하지만 정상적인 방법을 적용하기에는 현실이 너무 타락해 있다는 것이다. 그래서 그는 다소 강제적이더라도 법을 통해 사회를 개선하고자 했다. 허목은 "오늘의 법령 하나하나는 모두 선왕들께서 제정하신 것이오니 성상께선 마땅히 준수하여 어기지 않아야 할 것이옵니다."라며 임금에게도 준법을 요구한다. 임금이 법을 지켜야 백성과 신하들도 무엇을 지켜야 할지를 알게 된다는 것이다.

마지막으로, 허목이 거론한 것은 '시사(市肆)'에 관한 문제이다. 시사란 '시장(市場)'을 말하는 것으로, 허목은 "모든 재물이 이곳에서 소통되니 민생의 복리가 여기에 달렸다."고 보았다. 그는 당시 시장질서가 혼탁하고 물가가 안정되지 못한 것은 "장사꾼들이 시세를 틈타 법을 두려워하지 않고 독점하여 팔지 않으며, 없는 말을 만들어

내어 법을 어지럽히고 사욕만 채우기 때문"으로, 나라에서 제대로 단속하지 못한 탓이라고 주장했다. 그는 "상인들이 질서 없이 싸우고 혼란한데, 관에서는 이에 대한 조정을 포기하고 물가도 버려두고 있으니, 이는 관 스스로 나라를 문란하게 만드는 것"이라고 말했다. 그는 국가의 적극적인 역할을 주장했는데, 그렇다고 관에 의한 시장 통제를 의미하는 것은 아니었다. 물건과 재화가 자유롭게 유통될 수 있도록 나라에서 건전한 시스템을 구축해주자는 것이었다.

이상과 같은 허목의 주장은 무엇보다 '기본'과 '원칙'을 확립하는 일에 초점이 맞춰져 있었다. 아무리 좋은 기획에서 만들어진 제도라고 할지라도 본래의 의미를 상실했다면 그것은 과감히 폐지되어야 한다. 오랜 시간 시행되어온 것이라 해서 주저한다면 망설이는 시간만큼 폐해만 더 쌓여갈 뿐이다. 예와 법을 지켜야 하는 것도 그래서이다. 기본에 충실하지 않고 원칙을 따르지 않았는데 사회질서가 확립될 리 없고 좋은 정치가 펼쳐질 리 없는 것이다. 시장도 마찬가지다. 시장이 제 역할을 하려면 만들어진 취지에 맞게 작동되어야 한다. 요컨대, 기본과 원칙에 따른 국가 시스템의 운용, 허목의 바람은 여기에 있었다.

11

대의명분보다 나라의 생존과 백성의 안위를 먼저 생각한 현신

이항복, 우의정 사직상소

이항복(李恒福) / 1556년(명종 11년)~1618년(광해군 10년)

본관은 경주(慶州), 호는 백사(白沙)이다. 오성부원군으로 책봉되었고 친구인 한음 이덕형과 많은 일화를 남겼다. 권율의 사위이기도 하다. 임진왜란 때 병조판서와 대제학 등을 역임하며 명나라와의 외교 사무를 처리하고 군무를 담당하였다. 선조와 광해군 대에 모두 영의정을 지냈으며 인목대비를 폐위할 때 반대하다 삭탈관직 되었다. 끝내 그는 유배지에서 세상을 떠났다.

#이항복 #백사 #오성 #한음 #이덕형 #임진왜란

1599년(선조 32년), 조선의 온 산하를 피로 물들였던 7년 전쟁도 막바지를 향해 가고 있었다. 침략의 원흉 도요토미 히데요시가 죽자, 왜군은 안전한 철수를 보장해달라며 명나라와 강화협상에 나선 상태였다. 산발적인 국지전을 제외한다면 전쟁은 소강 국면에 접어들었다.

조선 조정도 종전을 준비하기 시작했는데, '강화'를 할 것이냐 말 것이냐를 두고 거센 논쟁이 벌어졌다. 하루빨리 전쟁을 끝내고 민생 안정과 전후복구에 나서야 한다는 측과 일본에 복수하지 않고는 전쟁을 끝낼 수 없다는 측이 대립했다. 흥미로운 부분은 전쟁 기간 동안 지휘부를 구성했던 대신들이 주로 전자의 입장에 서고, 한걸음 물러나 있던 신하들이 후자를 지지했다는 점이다. 재상으로서 전시 군수 보급을 책임졌던 류성룡, 도체찰사가 되어 직접 전선을 누비며 백성과 병사들을 독려했던 이원익, 병조판서로서 군무를 총괄한 이항복 등이 '강화'에 찬성했고, 임금을 따라 후방의 안전지대에 머물렀던 신하들은 '응징'을 외쳤다.

더욱이 강화반대론자들은 강화찬성론자를 매국노로 거세게 몰아붙였다. 그들은 화의를 체결함으로써 만대의 씻을 수 없는 치욕을 남겨서는 안 된다고 주장했다. 이는 물론 틀린 이야기는 아니다. 왜군으로부터 조선의 백성들을 지키기 위해 필사적으로 노력한 사람, 전장에서 왜병과 직접 싸웠던 사람, 또는 왜병으로부터 가족을 잃은 사람들이라면 이보다 훨씬 더 강경한 태도를 보인다고 해도 이해할 만하며 당연히 그럴 자격이 있다고 말할 수 있다. 하지만 당시 조정에서 강화 반대를 목청껏 외쳤던 이들은 여기에 해당하지 않는다. 명분과 의리에 투철했던 몇몇을 제외하면, 대부분 전쟁이 발발하자마자 도망쳤고 자신의 안위를 지키는 일에만 몰두했던 사람들이었다. 위험한 일을 맡기 싫어 눈치만 보고, 나라와 백성의 현실은 도외시한 채 입으로만 대의를 떠드는 사람들이었다. 이런 자들이 전쟁이 끝날 기미가 보이자 그간의 잘못을 덮으려는 듯 너도나도 선명성 경쟁에 나선 것이다.

이항복의 우의정 사직상소는 바로 이 과정에서 나왔다. 에둘러 표현되어 있긴 하지만 전쟁의 참화를 직접 본 적 없는 자들이, 극단의 현실 속에서 백성과 나라를 위해 아무런 노력도 한 적 없는 자들이, 인제 와서 한가로운 소리를 하는 것에 대한 실망과 안타까움이 담겨 있다.

신은 본래 시도 때도 없이 발작하는 담질(痰疾)을 앓아왔사온데 …… 어제저녁부터는 가슴과 겨드랑이 사이에 통증이 심하여 비명조차 마음대로 지를 수 없는 지경이었습니다. 그러던 차에 저녁나절 홍문관의 차사(箚辭)가 전해져왔기에 부축을 받아 겨우 일어나 읽어보니, "화의(和義)를 주장하는 사람과 이익을 탐하여 이를 뒤쫓는 무리로 인해 청의(淸議)가 용납되지 못하고 윤리와 기강이 끊어질 지경에 이르렀습니다."라고 적혀 있었습니다. 또 말하기를, "척화의 의리를 더욱 견고히 함으로써 이런 사악한 말에 흔들리지 말아야 한다."라고 하였습니다. 이에 신은 이 차사를 미처 다 읽기도 전에 깜짝 놀

라 망연자실하였나이다.[51]

이때 이항복은 왜군과의 강화에 찬성한다는 이유로 이원익 등과 더불어 홍문관으로부터 탄핵을 받았다. 그러나 그는 자신의 주장을 끝까지 철회하지 않았다. 그는 이렇게 말한다.

신이 수년 전에 전하의 명을 받들고 남쪽 지방으로 내려가 직접 확인해본 결과, 해안에 웅거한 적의 세력이 광대하여 언제고 다시 침범해올 우려가 컸나이다. 하지만 지금 이 나라의 형세는 위태로워 믿고 의지할 데가 없으니, 재물은 모두 고갈되었고 백성은 다 흩어져 버렸습니다. 마치 병으로 다 죽게 된 사람이 목구멍 사이에 조그만기만 남아 있을 뿐 수족이 마비되고 장기도 이미 수습할 수 없는 지경에 이른 것과 같은 실정입니다. 그래서 신은 생각하기를, 고금 천하에 나라를 지키고 외적을 방어하는 도리는 '전(戰)·수(守)·화(和)' 이 세 가지에 불과할 것이니, 지금은 도저히 적과 싸울 수 없고 또 스스로 방어할 수도 없는 형편인 만큼 오직 저들의 강화 요구를 들어주어 목전의 위기를 해결하는 수밖에 없다 여겼었습니다.

나라가 외세의 침략을 받게 되면 맞서 싸워 격퇴하거나, 굳게 지키

---

51) 이하 인용문은 모두 『백사집(白沙集)』 5권, 「기해년 여름에 옥당의 척화의차로 인하여 병을 이유로 스스로 탄핵하고 우의정을 체직해줄 것을 요청한 차자(己亥夏 因玉堂斥和議箚 因病自劾乞遞右議政箚)」가 출처임

11. 이항복, 우의정 사직상소

며 방어하거나, 화평교섭을 하거나 이 세 가지 방법 중에서 하나를 선택해야 한다. 당시 조선은 오랜 전쟁으로 인해 매우 쇠잔해진 상황이었다. 국토는 황폐해졌고, 수많은 백성이 죽었다. 국가재정은 진즉에 거덜이 났으며, 병사로 충당할 백성이 없었다. 전쟁 수행능력이 제로에 가까웠다. 더욱이 아직 왜병의 대군이 한반도 남단에 주둔하며 호시탐탐 기회를 엿보고 있었다. 이런 상황에서 조선은 어떤 선택을 해야 할까? 비록 분하더라도 강화를 체결해 어서 빨리 나라를 재건해야 한다. 그래야 나중에라도 복수할 기회를 노릴 수 있다.

이항복은 말을 이어갔다.

신이 전장을 살피고 오랜만에 조정에 들어왔을 때, 마침 전하께서는 화(和)·전(戰) 두 가지 방향을 가지고 회의를 하도록 명하셨습니다. 신은 조정의 분위기가 어떠한지 들어본 적이 없으므로 그저 솔직하게 제 생각을 진술했던 것입니다. 지금 조정에서 척화(斥和)의 기치를 크게 드높이며 기강을 세우려 하니 신은 용납되지 못할 것입니다만, 신의 생각을 변명하지 않고 그저 조용히 처벌을 기다리겠습니다. 영의정과 좌의정 모두 와병 중이고 오직 신만이 정승으로 근무하고 있는 이때, 함부로 사퇴하는 것이 저어하여 전하의 결정을 기다렸습니다. 하지만 우물쭈물하여 구차하게 용서를 기다린다는 비난을 받고 있으니 이는 신에게 참으로 수치스러운 일이옵니다. 이에 사직하고자 하오니 부디 전하의 재가를 바라옵니다.

왜군의 침입으로 인해 그때껏 조선이 흘린 피와 눈물, 고통의 무게가 감히 상상조차 할 수 없는 상황에서 원수를 확실히 응징하지 못하고 전쟁을 끝낸다는 것은 조선 사람이라면 누구나 받아들이기 힘든 일이었을 것이다. 그러나 국가를 이끌어가는 사람의 생각은 달라야 하는 법이다. 감정을 앞세우기보다는 나라의 생존과 백성의 안위를 먼저 고려해야 하고, 이를 위해 가장 타당하고 현실적인 방안을 찾아야 한다. 설령 그것이 엄청난 비난과 공격이 예상되는 길이라 할지라도 말이다.

임진왜란에서 정유재란에 이르는 동안 다섯 번 넘게 병조판서를 역임하며 전쟁 수행에 헌신한 이항복에게 척화는 훨씬 쉬운 선택지였을 것이다. 누가 보아도 충분한 자격을 가졌던 만큼 그가 척화를 주창했다면 그는 대의명분의 수호자로서 추앙받았을 것이다. 하지만 그는 그러지 않았다. 조정 여론의 압박 따위는 개의치 않고 사직서를 제출하는 것으로 자신의 의사를 확고히 표현했다.

무릇 간신에게 충신이 핍박받고 비겁자들에게 용감한 사람들이 비난받는 것, 이는 인간사가 보여주는 아이러니한 비극이다. 그런데도 기꺼이 책임을 지고 희생양을 자처하는 이들이 있었기에 역사는 진보하는 것인지도 모른다. 이항복처럼 말이다.

12

고종의 무능함을 정면으로 비판한 구한말의 우국지사

최익현, 의정부 찬정 사직상소

최익현(崔益鉉) / 1833년(순조 33년)~1906년(고종 43년)

조선 말기의 애국지사로 본관은 경주, 호는 면암(勉菴)이다. 대원군의 실정을 강하게 비판하는 상소를 올림으로써 대원군이 실각하는 단초를 제공했다. 항일(抗日) 노선을 견지했으며, 1905년 강제로 을사조약이 맺어지자 의병을 일으켜 궐기하였다. 대마도의 감옥에서 순국했다. 1962년 건국훈장의 최고등급인 대한민국장이 추서되었다.

#최익현 #면암 #대원군 #항일의병 #대마도

신이 삼가 살피건대, 나라에 화란(禍亂)이 임오년에 일어나 갑신년에 재차 일어났고, 갑오년에 세번째로, 을미년에 네번째 다섯번째로 일어났으며, 올해 들어서도 안경수와 김홍륙이 일으킨 변란이 있었습니다. 모두 지극히 가까운 곳에서 눈 깜짝할 사이에 발생한바, 외국의 침범과 국내의 혼란이 실로 달마다 끊임이 없으니 이미 국가가 위태로워 망할 지경에 이르렀습니다.[52]

1898년(고종 35년) 9월 18일, 유학자이자 독립지사 면암 최익현은 의정부 찬정[53]을 사직하는 상소를 올리며 당시의 정국을 이렇게 진단했다. 1882년 임오군란이 발발한 이래 조선은 숨 돌릴 틈 없는 격변에 휩싸여왔다. 1884년에 김옥균 등 급진개화파가 갑신정변을 일으켰고, 1894년에는 동학농민혁명으로 청군과 일본군이 조선에 개입하면서 청일전쟁이 벌어졌다. 이때 일본은 경복궁을 강제로 점거하기까지 했다. 이것으로 끝이 아니었다. 1895년, 일본 정부의 사주를 받은 낭인들이 명성황후를 시해하는 유례없는 만행을 저질렀으며, 이후 수립된 친일내각은 섣부른 단발령 공포로 나라를 혼란에 빠뜨렸다. 이어 최익현이 상소를 올린 해인 1898년에는 안경수가 고종의 퇴위음모를 꾸미다 처형당했고, 역관 김홍륙이 고종을 독살하려다

---

52) 이하 인용은 모두 『면암집(勉菴集)』 4권, 「의정부 찬정을 사직하는 상소(辭議政府贊政疏)」가 출처임

53) 1896년 의정부에 신설된 직책으로, 의안을 제안하고, 제출된 의안에 대해 심의·표결한다. 찬정은 전임(專任)과 겸임(兼任)으로 구분되는데 각 부 대신들이 찬정을 겸하는 것으로 볼 때, 오늘날 '국무위원'과 유사하다고 판단된다.

발각되어 역시 사형에 처해졌다. 실로 국가 전체가 총체적 위기상황에서 헤어 나오지 못하고 있었다.

여기에 대해 최익현은 고종에게 단도직입적으로 물었다. "폐하께서는 이렇게 된 까닭을 규명해보셨습니까?" 나라에 큰 환란이 연이어 벌어지고 있는 이유를 생각해본 적이 있느냐는 것이다.

대체로 화란이란 하루아침이나 하룻저녁의 일로 인해 발생하는 것이 아닙니다. 서리가 쌓여 굳은 얼음이 얼듯 점차로 더해 생겨나는 것이 화란입니다. 그래서 현명한 군주는 항상 싹이 트기 전에 예방함으로써 화란이 일어날 가능성을 미리 차단하는 것이고, 현명하지 못한 군주라 하더라도 화란을 겪으며 반성하여 그것을 되풀이하지 않는 것입니다.

무릇 혼란은 어느 한순간의 잘못으로 생겨나지 않는다. 오늘 무얼 하나 실수했다고 해서 당장 어떤 일이 닥치는 것도 아니다. 잘못과 실수가 쌓여 위기가 초래되고 그 위기로부터 아무것도 배우지 못했기 때문에 환란이 반복되는 것이다. 그리고 이 책임은 누구보다도 최고 리더인 군주에게 있는바, 최익현은 준엄하게 고종을 비판했다.

만일 폐하께서 임오년의 변란을 통해 깨닫고 고쳐나가셨다면 갑신년의 변란은 일어나지 않았을 것입니다. 또한 갑신년의 변란을 경계로 삼아 대비하셨더라면 갑오년의 변란은 없었을 것이며, 갑오년의

변란을 반성하셨더라면 을미년의 변란도 아마 벌어지지 않았을 것입니다. 폐하께서 이러한 일들을 겪으며 더욱 성찰하고 노력하셨다면 어찌 안경수와 김홍륙의 변란이 일어날 수 있겠나이까.

최익현이 보기에, 나라가 이처럼 연이은 난리를 겪는 것은 과거로부터 아무런 교훈을 얻지 못했기 때문이다. 특히 위기를 겪었어도 달라지지 않고, 문제를 발견했어도 바로잡지 못한 군주가 이런 상황을 만든 주범이다.

하지만 최익현은 아직 늦지 않았다고 말한다.

인제 와서 지나간 이야기를 한들 무슨 유익함이 있겠나이까. 단지 어제에 반성과 경계를 하지 못함이 오늘의 뼈아픈 후회가 되고 있사오니, 만약 오늘 다시 성찰하고 고치지 않는다면 내일 또다시 오늘을 뉘우치게 되지 않겠습니까. 이제라도 정신을 가다듬고 전날의 잘못을 힘써 고쳐가야 합니다.

이미 지나간 일은 어쩔 수 없지만 지금부터라도 문제를 개선하고 상황을 바로잡아야 한다. 그래야 또 다른 재앙을 막을 수 있고 반복되는 후회를 멈출 수 있다.

이에 최익현은 고종에게 간곡하게 진언했다.

지금 시세가 위급하고 경황이 없다 하여 말단의 일에만 매달려서는

안 됩니다. 좋은 의원은 반드시 먼저 병이 생기게 된 근원을 살펴 치료하고, 원기를 차차 회복한 연후에야 여러 약을 쓰며 병증을 다스리는 법입니다. 지금 국가의 병폐를 논함에 있어 말로는 뭐라 하지 못하겠나이까. 그러나 진실로 병이 생긴 근원을 찾아내어 구제하지 않는다면 나라가 겪고 있는 여러 병증을 끝내 제거할 길이 없을 것입니다.

갑작스레 큰일이 벌어지면 당장 눈에 보이는 문제만 해결하려 들게 마련이다. 그것이 가장 시급한 일이라고 생각하기 때문이다. 하지만 일의 근원을 바로잡지 않는다면 그 일은 양상만 다를 뿐 언제고 재발하게 된다.

그렇다면 당시 대한제국이 당면한 문제들의 근본 원인은 무엇인가. 최익현은 다름 아닌 고종 자신이라고 보았다.

폐하께서는 물욕에 마음이 끌리고 욕심이 습관이 되셨습니다. 부드러우나 강단이 부족하고 자잘한 일은 잘 챙기면서도 큰 그림을 그리는 일엔 어둡습니다. 아첨을 좋아하고, 정직을 꺼리며, 안일함에 빠져 노력할 줄 모르십니다. 지난 30년 동안 위에서 하늘이 견책하였으나 깨닫지 못했고, 아래서 백성이 원망하였으나 돌보지 않으셨습니다. 이것이 바로 화란이 있게 된 이유입니다. …… 부디 중전께서 그처럼 흉악한 변을 당하신 까닭은 무엇인지, 국가의 사세가 점차 위망(危亡)으로 치닫고 있는 까닭은 무엇인지를 생각하십시오. 무슨 도리를 잃었기에 역적이 자주 일어나며, 무슨 계책을 실수했기에 적들의 침해와 모욕이 계속되고 있는 것인지를 반성하십시오. 어찌하여 정사와 법령은 확립되지 않는지, 어찌하여 백성의 삶은 안정되지 못하고 있는지를 성찰하십시오. 반복해서 생각하고 또 생각하신다면, 폐하께서는 분명히 척연하게 반성하고 두려워하여 잘못을 숙청하고 나라를 혁신해내실 것입니다.

그때껏 군주로서 제 역할을 하지 못한 무능한 고종이 하루빨리 달라져야 하며, 그 첩경은 반성과 성찰에 있다는 것이다.
최익현은 말을 이어갔다.

이는 태산을 끼고 북해를 뛰어넘는 것과 같은 불가능한 일이 아닙니다. 성상께서 하실 수 있는 분수 안에 있는 일입니다. 대저 나의 분수에 있는 일이라면 뜨거운 불에 뛰어들고 날이 선 칼날을 밟는 일이라도 못할 것이 없을진대, 이처럼 자신을 반성하고 마음가짐을 새로 하는 일이야 손바닥을 뒤집듯 쉬운 일이 아니겠나이까.

그가 고종에게 바란 것은 어떤 영웅적인 성과가 아니었다. 작금의 모든 위기와 병폐를 일소할 만병통치약을 기대한 것도 아니었다. 그저 마음을 바로잡고, 원칙에 충실하며, 군주로서 해야 할 도리를 다해달라는 것이었다. 군주가 제 자리를 찾아야 신하들도 제 역할을 하게 되며, 군주가 모범을 보여야 정치가 안정되고 나라의 병폐들도 개혁될 수 있다고 생각했기 때문이다.

　이러한 최익현의 생각은 원론적으로 보일 수도 있다. 상황이 급박하게 돌아가는데 군주의 마음가짐을 운운할 여유가 어디 있느냐는 것이다. 하지만 망한 나라의 공통점 또한 군주의 자세에 있다는 것을 기억할 필요가 있다. 왕, 대통령, CEO, 최고지도층, 리더 등이 제역할을 하지 못하는 데도 건강한 조직은 일찍이 존재한 적이 없다. 불운을 탓하고 엄혹한 국내외 환경을 비관하기 이전에, 리더가 먼저 자신을 반성하고 온갖 노력을 다하라는 것. 이것이 최익현의 사직상소가 주는 메시지다.

13

자기경영을 통한 국가경영의 길을 제시한 경세가

박세채, 이조판서 사직상소

박세채(朴世采) / 1631년(인조 9년)~1695년(숙종 21년)

본관은 반남(潘南), 호는 현석(玄石)과 남계(南溪)이다. 김상헌과 김집의 문하에서 공부하였으며 예학(禮學)의 대가로 불린다. '황극탕평설(皇極蕩平說)'을 제시하여 붕당의 갈등을 봉합하고자 노력하였다. 소론(少論)에서 노론(老論)으로 전향했고, 좌의정을 역임했다. 유교 경전과 성리학 전 분야에 걸쳐 많은 학문적 업적을 남겼다.

서울 마포구 현석동. 한강 변을 끼고 밤섬을 마주 보고 있는 이곳의 지명은 한 인물로부터 유래했다고 한다. 좌의정을 역임했으며 숙종의 묘정(廟庭)과 문묘(文廟)에 모두 배향된[54] 당대의 유학자 현석 박세채가 여기에 살았다는 것이다. 박세채는 노년에 이 동네에 소동루(小東樓)를 짓고 집필하며 보냈는데, 한강 위로 나는 갈매기와 황포돛배를 바라보고자 늘 강 쪽으로 난 창문을 열어두었다고 전해진다.

박세채가 재상까지 지냈으므로 관직 활동을 활발하게 했으리라 짐작하지만 유배와 재야생활을 거듭하느라 실제로 조정에 머문 시간은 그리 오래되지 않았다. 더욱이 갈수록 치열해지는 정쟁과 혼탁한 국정 운영을 못마땅하게 여겼던 그는 자신이 속한 당파인 서인이 집권하고 있었을 때조차 번번이 사직상소를 올리며 조정에서 물러나곤 했다. 이 장에서 소개하는 상소도 그러한 과정에서 나온 것이다. 그는 이조판서를 사직하면서 〈시무 12조〉를 함께 올렸는데, 자신의 정책이념을 개진하기 위한 목적도 있었지만 임금과 조정에 보내는 압박 성격이 짙었다. 이런 정치가 실현되지 않으면 자신은 떠나겠다는 것이었다.[55]

박세채가 제시한 12개 조 항목은 다음과 같다. ① 큰 뜻을 세우고

---

54) 임금의 묘정(廟庭)에 배향한다는 것은 종묘에 모신 임금의 위패에 신하의 신주를 합사한다는 것으로, 이런 신하를 '배향공신(配享功臣)'이라고 부른다. 그 임금에 대한 충신, 최고의 신하임을 인정받는 것으로서 죽어서도 임금을 보좌한다는 의미를 갖고 있다. 아울러 공자의 위패가 모셔진 문묘에 배향한다는 것은 학문의 도통을 잇는 사람이라는 뜻이다. 국가 차원에서 학문의 권위를 인정받는 것이다.

55) 이하 인용은 모두 『숙종보궐실록』 14년 6월 14일의 기사가 출처임

분발할 것 ② 성학(聖學)에 힘쓸 것 ③ 내정(內政)을 바르게 다스릴 것 ④ 규모(規模)를 세울 것 ⑤ 기강을 확립할 것 ⑥ 어진 인재를 구할 것 ⑦ 언로를 열 것 ⑧ 법과 제도를 정비할 것 ⑨ 법전을 찬술할 것 ⑩ 선왕의 정치를 본받을 것 ⑪ 군정을 정돈할 것 ⑫ 수어(守禦, 국방)에 마음을 쏟을 것이다.

그는 각각의 항목별로 구체적인 정책과 세부 실천방안을 설명했는데, 3항의 경우 내수사(內需司)를 폐지해야 한다는 의견이 주목된다. 내수사란 왕실의 사유재산을 관리하는 관청으로 임금은 이곳을 통해 신하들의 간섭을 받지 않고 통치자금을 사용했다. 이는 국가재정운영의 투명성을 저해할 뿐 아니라 왕은 철저하게 공적(公的)이어야 한다는 유교적 가치관에 어긋난다. 박세채는 내수사의 혁파를 통해 왕의 공공성을 더욱 강화하고자 한 것이다.

이어 박세채는 6항에서 서열과 형식에 구애받지 않고 인재를 등용하며, 임기를 늘려 전문성을 키워야 한다고 했다. 8항에서는 비변사로 인해 유명무실해져 있던 의정부의 제 기능을 회복해야 한다고 건의했다. 전쟁을 수행하기 위해 만들어진 임시기구일 뿐인 비변사를 없애고 왕-재상-6조로 이어지는 '의정부서사제(議政府署事制)'[56]를 재건하여 현명한 사대부가 정치를 담당하는 유교적 이상을 실현하자는 것이었다. 새로운 법전의 필요성도 제기했다. 조선의 법전인 『경국대전(經國大典)』은 이미 편찬한 지 200년이 지나 여러 가지 한계

---

56) 임금이 직접 육조(六曹)를 관할하는 '육조직계제'와 대비되는 것으로 의정부의 재상들이 육조를 통솔하고 임금은 재상들과 국정을 논의하는 체제이다.

를 노출하고 있었기 때문이다. 박세채는 변화된 시대 환경을 반영하여 법을 재정비, 『속대전(續大典)』을 만들자고 주장했다. 훗날 영조 때 편찬된 『속대전』이 바로 여기에서 출발한 것이다.

그 밖에 11항, 12항도 흥미롭다. 박세채는 조선이 임진왜란과 병자호란의 참화를 되풀이하지 않으려면 "나아가서는 적을 물리치고 지킬 때는 적이 감히 넘보지 못할 군사력을 키워야 한다."며 군제를 정비하고 군마와 군량을 풍족하게 비축해야 한다고 주장했다. 정예 상비군을 육성하고 다양한 전장 상황을 대입한 훈련을 통해 실효성 있는 전술을 세워야 한다고도 말했다. 병기 또한 더욱 정교하게 개량해야 한다는 것이 그의 생각이었다. 이를 토대로 박세채는 북쪽 국경에 산성을 수축하고, 평상시에는 재상급 대신이, 유사시에는 임금이 직접 통솔하는 지휘사령부를 설치하며, 남쪽 해안은 둔전과 섬 개발, 전함 건조를 통해 수전(水戰) 역량을 대폭 강화해야 한다고 건의했다. 군사와 안보에 대한 깊은 식견을 엿볼 수 있는 대목이다.

그런데 이러한 내용은 행정적인 것으로서 정책의 성공적인 구현을 위해서는 전제되어야 할 것이 있다. 1항, 2항, 4항, 5항이다. 박세채는 이 네 항목에 많은 분량을 할애했다. 이 중 1항 '큰 뜻을 세우고 분발하라.'는 것은 국가경영의 올바른 비전을 확립하고 그것을 실현하기 위해 최선을 다해야 한다는 뜻이다. 박세채는 환국(換局)[57] 등 당시의 극단적인 정쟁과 정국혼란이 정치의 방향성이 없는 데서 기

---

57) 숙종이 행한 정국운영방식으로, 조정의 주도세력 전체를 일방적으로 교체하는 것이다.

13. 박세채, 이조판서 사직상소

인하였다고 진단한다. 그는 "평범한 사람도 반드시 뜻을 세워야 분발할 수 있고, 분발해야 성취를 거두는 법"이라며, 임금은 먼저 왕도와 대의에 따라 큰 뜻을 품어야 한다고 강조했다. 그러면 자연스레 그 뜻을 향한 절실한 마음이 생기고 치열한 노력도 뒤따르게 된다는 것이다. 2항에서 강조한 임금의 학문은 이 과정에서 병행되어야 할 끊임없는 자기성숙과 혁신을 가리킨다.

다음으로, 4항 '규모를 세우라.'는 것은 가치 기준을 정하라는 의미다. 박세채는 "군주가 국가를 다스리고자 한다면 일정한 규모를 두어 편벽된 것을 구제하고 중도로 나아가야 한다."라고 말한다. 개인에게 가치관과 삶의 철칙이 있어서 그것이 선택의 기준이 되듯이, 왕이나 국가에도 결정하고 판단을 내리기 위한 기준이 있어야 한다. 실리에 집중할 것인가, 명분에 집중할 것인가. 성장을 우선할 것인가, 분배를 우선할 것인가. 맞서 싸울 것인가, 물러나 지킬 것인가. 물론 외부환경과 국가의 상황에 따라서 결정이 달라질 수 있겠지만 이런 판단을 내림에 있어 기준이 확고해야 어긋나지 않은 선택을 할 수 있게 된다.

마지막 5항, '기강을 확립하라.'도 중요하다. 기강은 공동체의 질서를 안정적으로 구축하고, 목표를 향해 역량을 집중할 수 있도록 하는 역할을 한다. 기강을 세우지 못해 법과 원칙이 흔들리고 편법과 부정이 만연하는 공동체는 신뢰 자본을 상실하고, 나아가 존립마저 위협받게 된다. 기강은 이를 예방하는 치료제이다. 박세채는 기강 확립을 위해서는 무엇보다 '상벌을 공정하게 하고 어질고 사특한 것을 분별하며, 붕당을 타파하고 차별을 없애야 한다.'고 강조했다. 상벌이 엄격하게 적용되면 자연스레 착한 일이 권장되고 나쁜 일은 억제된다. 어질고 사특한 것을 분별하면 훌륭한 인재를 등용하고 소인배를 물리칠 수 있다. 붕당을 타파하면 지나친 갈등과 대립으로 인한 국가 에너지의 손실을 막을 수 있으며, 차별을 없애면 국가의 모든 역량이 낭비되지 않고 집약되게 할 수 있다. 기강은 국가가 제대로 작동할 수 있도록 하는 핵심 동력인 것이다.

그렇다면 이상의 논의들을 통해 박세채가 전달하고 싶었던 메시지는 무엇이었을까. 우리는 성과를 바라기 이전에 먼저 큰 뜻부터 세우고 분명한 가치 기준을 확립해야 한다. 그리고 자신에게 엄격하고 공정하게, 온 힘을 다해 그 길을 걸어가야 한다. 이는 국가경영이나 자기경영이나 다르지 않다. 결국 인간의 의지와 자세에 달려 있다는 것. 박세채가 말하고 싶은 것은 아마도 이것이었을 것이다.

14

'정치의 공공성'을 지키기 위해 자신에게 엄격한 잣대를 들이댄 꼿꼿한 선비

김창협, 대사간 사직상소

김창협(金昌協) / 1651년(효종 2년)~1708년(숙종 34년)

본관은 안동, 호는 농암(農巖)으로 영의정을 지낸 김수항의 아들이자 역시 영의정을 역임한 김창집의 동생이다. 그의 여섯 형제가 모두 뛰어나 '육창(六昌)'이라고 불렸다. 문과에 장원급제하고 성균관 대사성을 지내는 등 명성을 날렸지만, 당쟁으로 아버지를 잃은 뒤에는 은거하며 학문에 전념했다. 이이와 이황의 학설을 절충하는 모습을 보인다.

#김창협 #농암 #김수항 #김창집 #육창 #숙종

요즘에도 행정의 공정성과 투명성을 강화한다고 할 때 '상피제(相避制)'라는 용어가 자주 등장한다. 고려 때 처음 도입되어 조선에서 확대 시행된 이 제도는 일정 범위 안의 친족은 같은 관청이나 연관 직무에 근무하지 못하도록 하는 것이다. 개인적인 이해관계나 연고가 업무에 영향을 미치지 않도록 하는 데 목적이 있다.

상피제가 구체적으로 어떻게 운용되었느냐는 시대에 따라 차이가 있다. 또 상피에 해당하더라도 임금의 명령으로 무시되거나 예외로 처리되는 경우가 있었으므로 일률적으로 설명하기 어렵다. 다만 조선의 법전인 『경국대전』에 따르면 본가의 4촌 이내, 외가와 처가의 2촌 이내는 의정부, 의금부, 이조, 병조, 형조, 승정원, 사간원 등 주요기관에서 함께 근무할 수 없게 되어 있다. 이조-이방승지, 병조-병방승지와 같이 연관된 직무도 피해야 하고, 같은 도의 관찰사와 고을수령처럼 지시를 받는 관계에 있어서도 안 된다. 특히 군부의 경우에는 같은 관청이 아니더라도 상피가 적용되는 경우가 많았다. 이는 철저하게 객관적이어야 할 공적 업무가 혈연의 사사로움에 의해 변질될 가능성을 사전에 차단하기 위한 것으로, 인사권자인 임금뿐 아니라 관직에 나서는 선비 입장에서도 반드시 지켜야 할 도리로 여겨졌다. 정치에서의 '도덕성'과 '공공성'을 중시하는 유교의 정신을 기반으로 하는 제도였기 때문이다.

그런데 이처럼 상피가 단순한 규칙이 아닌 공직윤리이자 처세의 원칙으로 받아들여지게 되면서, 당사자 스스로 법에 규정된 내용보다 더 엄격하게 실천하는 경우도 생겨났다. 1687년(숙종 13년), 훗날 대학자로 이름을 날린 농암 김창협의 대사간 사직상소를 보자.

삼가 생각건대, 나라에서 대각(臺閣)[58]을 설치한 것은 묘당(廟堂, 의정부)과 서로 견제하도록 하기 위해서입니다. 이제껏 묘당에서 옳다고 하는 일을 대각에서는 그르다 하고, 묘당에서는 어질다고 하는 사람을 대각에서는 그렇지 않다고 하는 등 피차간에 의견이 달라 극심한 마찰을 빚는 경우가 자주 있었습니다. 더욱이 묘당에 과실이 있으면 오직 대각에서 그것을 지적하고 탄핵할 수 있으니, 조정의 체면을 생각할 때 어찌 묘당에 있는 사람의 자제를 대각에 있게 할 수 있단 말입니까. 이래놓고서 거리낌 없이 옳고 그름을 논의해보라고 요구할 수 있겠습니까? 이는 이치상으로도 옳지 않을 뿐 아니라 행해져서도 안 되는 일입니다.[59]

당시 의정부를 총괄하는 영의정은 다름 아닌 김창협의 아버지 김수항이었다. 아버지가 묘당에 있으니 아들인 자신이 묘당을 견제하고 잘잘못을 비판하는 대사간의 직무를 맡을 수 없다며 상피했던 것이다. 이는 단순히 부자간의 관계가 껄끄러워질까 봐 걱정해서라거나, 대사간의 임무를 제대로 수행하지 못할까 봐 자신이 없어서가 아니었다. 부자라는 사적인 혈연관계가 묘당 — 대각의 공적인 견제 관계를 해칠 수 있고, 더욱이 이러한 사례가 한 번 허용되고 나면 비슷

---

58) 사헌부와 사간원을 합쳐 부르는 말

59) 이하 인용은 모두 『농암집(農巖集)』 7권, 「대사간을 사직하는 상소(辭大司諫疏)」가 출처임

한 경우가 계속 이어져 그 폐단이 걷잡을 수 없게 될 것이기 때문이었다. 김창협이 체직을 요청한 것은 바로 그래서였다.

신은 처음 사헌부의 관원이 되었을 때부터 이와 같은 혐의를 피하고자 사직을 요청하며 그 이유를 구체적으로 진술했었습니다. 하지만 조정에서는 이런 신의 뜻을 깊이 살피지 않았고, 그 뒤에도 거듭하여 대각의 관직을 제수하였습니다. 그 때문에 신도 처음의 입장을 계속 고수할 수만은 없어서 부득이 입을 다문 채 한두 차례 직임을 수행한 바 있습니다. 그런데 요사이 처음으로 『송사(宋史)』를 읽던 중, 송나라 철종 연간에 범조우가 우정언(右正言)으로 발탁되었으나 장인 여공저가 재상이라는 이유로 사직하고, 장인이 벼슬에 있는 동안에는 간관을 담당하지 않았다는 대목을 보았습니다. 아시다시피 범조우는 단정하고 성실하며 정직한 것으로 이름이 높아 그 학식과 언론은 대각의 으뜸으로 꼽혔던 인물입니다. 이런 범조우가 단지 여공저의 사위라는 점을 혐의로 여겨 간관에서 물러났으니 옛사람이 의리를 지킬 때는 구차하지 않았음을 알 수 있습니다. 당시 조정에서도 그의 체직을 허락하고 더는 그 직임을 맡기지 않았으니, 이 문제는 비단 한 사람의 사적인 일이 아니라 실로 국가의 큰 체통에 관계되는 것이기 때문입니다.

송나라 때 범조우는 누구보다도 탁월하고 올곧은 인물이었지만 장인이 재상이라는 이유로 스스로 간관에서 물러났다. 그는 장인의 눈치를 볼 사람도 아니었고, 장인과 사위라는 사적인 관계를 나랏일보다 앞세울 사람도 아니었다. 하지만 정치의 공공성을 해칠 요소는 아예 싹부터 잘라내야 하며, 선비로서 그 일에 앞장서겠다는 신념이 있었다. 김창협은 이러한 범조우의 처신에 비하면 자신은 잘못한 점이 많다며 사직하겠다고 밝힌다.

아비를 피해야 하는 신의 처지를 논하면 장인을 피했던 옛사람에 비할 바가 아닌데도, 신은 천박한 소견 하나 견고히 지키지 못하여 끝내 나라의 체통과 개인의 의리를 모두 손상하고 말았습니다. 참으로 한스럽나니 이는 모두 신의 죄입니다. 과거의 잘못을 되풀이해서는 안 되고 옛일의 좋은 점은 뒷사람이 본받아야 할 것이니, 신은 이제 절대로 다시 대각에 들어가지 않겠나이다. 옛사람이 가르쳐준 의리를 망각하고 국가의 체통을 거듭 손상하는 짓을 할 수가 없습니다.

처음 사헌부의 관리로 임명되었을 때 깨끗하게 물러났어야 했는데, 조정에서 계속 대각의 관직을 제수했다는 이유로 머뭇거리다가 처신에 오점을 남기고 말았다는 것이다. 그러니 이제라도 사직하여 나라에 누를 끼치지 않겠다는 것이다. 하지만 사실, 법적인 면만 놓고 보자면 김창협은 상피제를 위반하지 않았다. 부자가 같은 관청에 근무한 것도 아니고 같은 지휘 선상에 있었던 것도 아니었다. 애초 상피의 요건에 해당하지 않으니 굳이 사직상소를 제출할 필요도 없었다. 그런데도 김창협은 왜 자신에게 그토록 엄격한 잣대를 들이대면서까지 상피를 선택했던 것일까? 임금의 인사명령까지 어겨가며 그가 지키고자 했던 '의리'는 무엇이었을까?

　김창협은 무엇보다 '공직윤리'를 확립함으로써 정치의 공공성을 지켜내고자 한 것으로 보인다. 흔히 관직이 '천하의 공기(公器)'라고 불리는 까닭은 여기에는 그 어떤 사사로운 이해관계나 주관적인 목적도 개입되어서는 안 되기 때문이었다. 철저할 정도의 투명함과 공정함이 확보되어야 그 관직을 맡은 사람은 비로소 제 역할을 다할 수 있게 된다. 오늘날, 친인척을 보좌관으로 임명하는 국회의원, 자녀를 자신의 부처에 특채한 장관, 연고지 근무를 조장하는 사정 기관 등 '사(私)'를 '공(公)'에 앞세우는 경우가 빈번한 것을 생각할 때, 우리가 본받아야 할 자세가 아닐 수 없다.

15

숙종의 환국정치를 목숨 걸고 비판한 신하

정시한, 진선 사직상소

정시한(丁時翰) / 1625년(인조 3년)~1707년(숙종 33년)

본관은 나주(羅州), 호는 우담(愚潭)이다. 주로 향리에 은거하며 학문에 매진했다. 남인에
속하지만 인현왕후의 폐위를 반대하여 삭탈관직당한 바 있다. 이기론(理氣論)과 사단칠정
론(四端七情論)에 대한 심화 연구를 통해 이황의 학설을 계승·발전시켰다.
#정시한 #우담 #인현왕후 #의리론 #퇴계학파

정시한은 내가 직접 만나보지 못했으나 의로운 행동에 대해서는 익히 들어왔네. 사적인 자리에서 늘 '어찌 그를 기용하지 않는가?' 하고 토로하지 않았던가.[60]

남인임에도 불구하고 이처럼 노론의 영수 송시열이 칭찬해 마지않았던 우담 정시한은 퇴계학파의 중심인물로서 많은 학문적 업적을 남겼다. 그는 당파를 초월한 원칙론으로 조야의 존경을 두루 받았는데, 숙종의 환국 정치에 대해서도 매우 비판적이었다. 기사환국[61]으로 남인이 집권하고 있던 1691년(숙종 17년)에도 그는 자신에게 내려진 진선(進善)[62]직을 사임하며 폐위된 인현왕후를 동정하고 숙종의 조치들을 비판하는 상소를 올린다.[63]

폐비는 전하를 모신 지 거의 10년이나 되었습니다. 전하께서는 배필로 대우하셨고 백성들은 어머니로 섬긴 바 있습니다. 비록 폐한다 하더라도 별궁에서 살게 하고, 예로 대우하여 전날의 은의(恩義)를 온전하게 하심이 마땅한 것입니다. 그런데 지금 폐서인이라 부르며 여염집에 거처하게 하시니 전하의 대우가 너무 박하지 않습니까? 군

---

60) 『송자대전(宋子大全)』 50권, 「이계주에게 답하는 글[答李季周]」
61) 1689년(숙종 15년) 후궁인 희빈 장씨의 소생을 원자로 책봉하는 문제를 계기로 이를 반대한 서인이 축출되고, 희빈 장씨를 지지했던 남인이 정국을 주도하게 된 사건
62) 세자 교육을 담당하는 시강원(侍講院)에 소속된 정4품 관직
63) 이하 인용은 모두 『연려실기술(燃藜室記述)』 35권, 「숙종조고사본말(肅宗朝故事本末)」, 〈정시한소(丁時翰疏)〉가 출처임

자는 절교하더라도 상대에 대해 나쁜 말을 하지 않는 법입니다. 전하께서는 불쌍히 여기는 뜻을 보이기는커녕 도리어 박절하고 인정 없는 처사를 내리시니 참으로 답답합니다.

정시한은 우선 숙종이 금기로 삼았던 폐비 문제를 거론했다. 일반적으로 왕후를 폐위하면 지위를 강등하여 외진 전각에 유폐하되 일정 수준의 예우를 해준다. 설령 죄가 있다고 하더라도 한때의 아내이자 국모(國母)였던 사람에게 최소한의 대접을 해주는 것이다. 그런데 숙종은 인현왕후를 평민으로 격하시켰을 뿐 아니라 민가에서 힘들게 살도록 버려두고 있으니 도리가 아니라는 것이다.

다음으로 정시한은 숙종이 조정의 분열을 조장한다고도 지적했다.

세자의 명호를 정할 때 비록 몇 사람이 반대되는 의견을 냈다고 하더라도 그 본심을 캐본다면 어찌 다른 마음을 품은 것이겠습니까. 그런데 여기에 대해 죄를 묻고 한사코 배척하여 세자와 관련한 관직에서 모두 배제하시니 이는 너무 편벽되고 지나친 처사입니다. 장차 전하께서는 이 나라의 신하와 백성들을 모두 우리 세자께 맡기실 터입니다. 하온데, 지극히 공평한 도리를 가르치지 않고 도리어 편벽된 사사로움을 보이니, 모든 신하를 평등하게 사랑하라고 바르게 가르치셔야 하는 뜻에 매우 어긋납니다.

장희빈의 소생인 세자는 태어난 지 2년 만에 세자로 책봉되었는데,

당시 집권당인 서인은 중전인 인현왕후가 언제 아들을 낳을지 모른다며 반대했다. 그러자 숙종은 크게 진노했고, 이후 서인은 세자를 반대한 세력이라며 서연 등 세자 관련 관직에서 모두 배제되었다. 정시한은 이 부분을 지적한 것이다. 설령 책봉 당시에 다른 주장을 했더라도 그것이 꼭 세자에게 나쁜 마음을 품어서는 아니다. 더욱이 장차 왕이 될 세자는 모든 당파를 포용하고 아우르는 정치를 펼쳐야 하는데, 벌써부터 세자에게 편향적인 마음을 심어주어서야 되겠느냐는 것이다.

그러면서 정시한은 당파 간의 공존을 무너뜨리고 상대방에 대한 갈등과 증오를 심화시키는 숙종의 조치들을 비판했다. 당쟁의 1차적인 책임은 신하들에게 있지만 그 배경에는 숙종의 잘못된 태도가 깔렸다는 것이다.

이 나라는 너그럽고 어진 마음으로 세워져 예로써 신하를 대우하고 함부로 죽이지 않았으니, 어찌 거듭하여 대신들을 죽인 전하의 조정 같을 때가 있었겠나이까. 전하께서 즉위하신 지 16년 동안 정국은 크게 세 번 변했습니다. 그때마다 오로지 한쪽 편의 사람만 쓰시어 내쫓긴 자들이 한을 품어 뼈에 사무쳤고, 뜻을 얻은 자들은 마음대로 보복을 자행하였습니다. 이로 인해 예의와 사양이 있어야 할 조정은 싸움터가 되었고, 교화의 모범이 되어야 할 벼슬아치들은 중상모략을 일삼습니다. 전하께서도 그저 이들이 하는 대로 내버려 두고 피차를 융화하여 인심을 바로잡을 생각은 하지 않으시니, 신은 이대

　　　　　　　15. 정시한, 진선 사직상소

로 가다가는 전하의 조정에 싸움이 그칠 때가 없을까 두렵습니다.

숙종은 모두 세 차례의 환국(換局)을 단행했다. 1680년(숙종 6년) '경신환국(庚申換局)'으로 집권당인 남인이 몰락했고, 1689년(숙종 15년)에는 '기사환국'으로 서인이 제거되었다. 정시한이 상소를 올린 뒤인 1694년(숙종 20년)에는 '갑술환국(甲戌換局)'으로 다시 남인이 숙청되고 서인이 재집권했다. 이 과정에서 숙종은 일당이 조정을 독점하도록 정국을 운영하였는데, 이로 인해 각 당파도 상대 당의 전멸을 시도하게 되었고, 보복과 보복이 꼬리를 물고 이어지며 극단적인 양상을 보이게 된다.

정시한은 "전하께서 즉위하신 이래 어질다고 존경하며 사랑하신 자가 몇 사람이었습니까? 그런데 경신년에 이르자 죽이지 않으면 귀양 보냈고, 귀양 보내지 않으면 내쫓으셨습니다. 이들을 어진 사람이라 해야 합니까, 아니면 간사한 사람이라 해야 합니까? 그 후에도 어질다고 존경하며 사랑한 자가 많았는데, 기사년에 이르자 또 죽이고, 귀양 보내고, 내쫓으셨습니다. 이들을 어떤 사람이라 해야 합니까? 이를 비추어보면 기사년 이후 지금 어질다고 존경하며 사랑하고 계신 자들도 훗날 과연 어진 사람으로 남을지 간사한 사람으로 불릴지 신은 알지 못하겠습니다."라고 꼬집었다. 그가 보기에 가장 큰 문제는 원칙 없이 자신의 기분에 따라 조변석개하는 숙종의 태도였다.

정시한은 다음과 같이 시국을 진단하며 여기서 벗어나기 위해서는 무엇보다 언로를 열어야 한다고 강조했다.

지금같이 인재가 매우 부족한 때는 일찍이 없었습니다. 이것은 나라를 둘로 쪼개었기 때문입니다. 옛사람이 말하기를, "편벽되이 한쪽말만 들으면 간악한 일이 생기고, 한쪽에만 맡기면 혼란하게 된다."라고 하였습니다. 전하께서는 사람을 좋아할 때는 무릎 위에 안아줄것처럼 하다가 물리칠 때는 깊은 못에 밀어 넣는 것처럼 하여 마음이 일정하지 못하십니다. 주고 빼앗음에 번복이 많습니다. 그로 인해 신하들이 전하를 섬김에 모두 장구한 계획이 없고, 각자가 제 몸만 위하고 나라의 일은 생각하지 않아서 조정에 기상이 얕고 질서없이 뒤숭숭한 것입니다.

임금이 바른말에는 귀를 닫아버리고 오직 자기만 옳다고 생각하니 이런 폐단이 만연하다는 것이다. 그는 인현왕후의 폐위를 반대하다가 고문을 받고 죽은 박태보와 오두인을 거론하며 "전하께서는 앞시대의 역사를 보시옵소서. 간언을 올리는 자를 때려죽인 임금은 과연 어떠한 임금이었습니까?"라고 숙종에게 직격탄을 날린다. 목숨을 건 강경한 발언을 통해서라도 숙종이 깨닫는 바가 있길 바라서였을 것이다.

이상 정시한이 지적했던 문제들은 비단 숙종의 사례에만 한정되지는 않는다. 리더의 감정과 기분에 따라 인사가 결정되고, 조직이 운영되며, 판단이 공정함을 잃고 편향되는 것은 요즘도 자주 만나게 되는 풍경들이다. 이런 조직은 리더의 눈치만 살피며 편을 갈라 싸우느라 결코 하나로 역량을 결집하지 못한다. 좋은 인재들도 사장되거나 소모품처럼 허비되고 말 것이다. 리더의 공평무사함을 강조하고, 소통의 문을 활짝 열라는 정시한의 메시지를 지금 다시 되돌아보아야 하는 까닭이다.

16

당쟁에 휩쓸리지 않고 중용을 지키고자 했던 명문장가

이정귀, 이조판서 사직상소

이정귀(李廷龜) / 1564년(명종 19년)~1635년(인조 13년)

신흠, 장유, 이식과 더불어 '한문사대가(漢文四大家)'로 불렸던 명문장가로 본관은 연안(延安), 호는 월사(月沙)이다. 어렸을 때부터 탁월한 문장력을 발휘하였고, 중국어에도 능통하여 외교 분야에서 크게 활약하였다. 명나라와 관련한 사안들을 도맡아 처리했다. 경전에도 밝아 명나라 관리에게 『대학』을 강론한 바 있다.

#이정귀 #월사 #한문사대가 #대학강어

선비의 최고 명예라는 문형(文衡, 대제학)을 거듭하여 지냈으며 아홉 차례나 예조판서로 보임되어 대중국 외교를 총괄한 인물. 훌륭한 학자이자 '한문 4대가(漢文 四大家)'[64]로 꼽혔던 그의 문장에 명나라 황제가 감탄했고, 중국 관리들은 그가 써 준 글을 간직하며 자랑으로 여겼다. 바둑의 고수이자 역관들을 제치고 임금의 전담 통역을 맡을 정도로 능통한 어학 실력. 청렴하고 담백한 성품에 두 아들 모두 명신(名臣)으로 이름을 날렸으며, 아들과 손자에 걸쳐 3대가 문형을 지낼 정도로 자손이 번성한 사람.[65] 바로 월사 이정귀의 이야기다.

14세의 나이에 승보시(陞補試)[66]에 장원을 하며 이름을 날린 이정귀는 임진왜란 기간 외교 실무를 담당하였고, 각 조 판서 등 요직을 거쳐 1611년(광해군 3년)에는 이조판서에 제수되었다. 그러나 당쟁이 격화되고 갈수록 혼란해져만 가는 정국에 실망한 그는 임금의 만류에도 불구하고 계속 사직상소를 올렸다. 여기에 소개하는 것은 그 두번째 사직상소로, 사직 의사를 표명함과 동시에 인사(人事)에 대한 견해를 피력하고 있다.

---

64) 문장력이 뛰어났던 인물들로 월사 이정귀, 상촌 신흠, 계곡 장유, 택당 이식 네 사람을 함께 가리키는 말이다.

65) 중국의 유명한 문인 소동파(蘇東坡, 본명 소식)는 역시 문장이 뛰어났던 아버지 소순, 동생 소철과 더불어 '삼소(三蘇)'라고 불렸는데, 이에 비유하여 이정귀와 그의 아들 이명한, 이소한도 '삼소'라고 불렸다고 한다. 이명한은 대제학과 예조판서, 이소한은 비변사 당상을 지냈다. 이명한의 아들 이인상도 할아버지, 아버지와 마찬가지로 대제학과 예조판서를 역임했다.

66) 한양에 설치된 관립교육기관인 사학(四學)의 학생 가운데 성적이 우수한 자를 선발하는 시험으로 여기에 합격하면 소과(小科) 복시(覆試, 생원시, 진사시)에 응시할 자격을 주었다. 소과의 초시(初試)와 같다고 할 수 있다.

삼가 생각건대, 전관(銓官)의 직임은 예로부터 중요한 자리였거니와 오늘에 와서는 그 직무가 더욱 어렵기 그지없습니다. 조정의 기강이 문란하여 사사로운 욕심이 날로 성행하니, 가령 낮은 품계의 관직을 제수하는 것은 자잘한 일인 것으로 보여도 청탁이 구름처럼 많은 탓에 사람의 선악을 구별하기가 어려워졌습니다. 계속 머뭇거리고 돌아보며 이 사람을 취해야 할지 아니면 버려야 할지 결정하지 못하고 있으니, 폐습이 오랜 고질이 되어 더는 손을 쓸 수가 없는 지경입니다. 청직(淸職)[67]에 어울리는 사람을 선발하는 것도 그렇습니다. 이는 대부분 낭료(郎僚)[68]들이 주관하는데, 지난 수십 년 동안 조정이 화합하지 못하여 사분오열하고 서로를 시기하니, 당론에 빠진 자는 인물의 현명함과 어리석음을 분간하지 않고 오직 자신의 편을 고르고, 중립을 내세우는 자도 인물의 현명함과 어리석음은 보지 않고 양쪽 인물의 숫자만 맞춰 등용하려 합니다. 이로 인해 등용해야 할 사람과 버려야 할 사람이 거꾸로 뒤집히고 바르고 사악함이 뒤섞여버렸으니 사론(士論)의 분열은 지금 극도에 이르고 있습니다. 설령 큰 재량과 높은 덕망을 갖춘 이가 있어 위로는 임금의 신임을 받고 아래로는 백성의 우러름을 받더라도 이를 정돈하기 어려울진대, 신과 같이 부족한 자가 어찌 퇴폐한 기풍을 바로잡고 어진 인재가 진출할 길을 넓힐 수 있겠나이까.[69]

---

67) 학문과 문장이 뛰어난 사람이 맡는 관직

68) 정랑(正郎)과 좌랑(佐郎) 등 부처의 실무책임자

69) 이하 인용은 모두 『월사집(月沙集)』 31권, 「이조판서를 사직하는 두번째 차자(辭吏曹判書再箚)」가 출처임

말로는 임무를 맡을 능력이 없어서 사임하겠다는 것이지만 조정의 상황에 대한 부정적인 인식이 깔렸다. 동인과 서인이 정쟁을 벌이고, 동인은 다시 남인과 북인으로 갈라져 서로 싸우고, 북인은 또다시 대북과 소북으로 나누어져 상대방을 원수처럼 여기는 상황 말이다. 공존은커녕 서로를 타도해야 할 '적'으로만 보는 상황에서 '인사' 또한 공정함을 잃고 정쟁의 토구로 타락해버렸다. 소속 붕당의 이익에 충실한 사람들은 한 사람이라도 자당의 세력을 늘리기 위해 혈안이 되어 있고, 중립을 내세우는 사람들조차 괜한 비난을 사지 않기 위해 기계적인 균형에 매달린다. 그뿐만이 아니다. 관직에 청탁이 횡횡하고 재물이 오간다. 현명한 인재를 찾아내어 육성하고, 그 직임을 가장 잘 해낼 사람을 발탁해 임무를 맡겨야 할 '인사'는 본연의 임무를 상실하고 있었다.

이러한 현실을 극복하고자 이정귀는 나름대로 최선을 다했다. 하지만 돌아오는 것은 비난과 의심뿐이었다.

인재가 유능한지는 그의 출신 성분에 달린 것이 아니니, 이런 한계를 타파하고 모두가 함께 나랏일을 위해 노력해야 합니다. 신은 오직 이런 생각으로 조정을 진정시키고 화합하게 하여 어진 인재를 잃는 일이 없도록 노력해왔습니다. 그러나 곁에서 지켜보는 사람들은 신이 분명한 입장을 보이지 않는다고 비난하고, 요직에 있는 사람들도 신을 불만스러워했습니다. 뭇 사람들의 의심이 고슴도치 털처럼 일어나고 뭇 사람들의 노여움이 불길처럼 타오르고 있으니, 저 자신

도 보전하지 못할 형편에 어찌 국사를 살필 수 있겠나이까. 그저 입을 다물고서 잠자코 그럭저럭 임기만 보내며 남의 비방만 간신히 피할 따름이니, 이 어찌 성상께서 신에게 기대하신 바이며, 또한 어찌 신이 평소에 품었던 뜻이겠나이까.

편향된 시각을 가진 사람에게 공정함은 또 다른 편향으로 보인다. 양극단에 있는 사람에게 '객관'이란 이도 저도 아닌 회색주의로 여겨질 뿐이다. 두 경우 모두 자신들이 진리라고 생각하는 곳에서 멀리 떨어져 있기 때문이다. 이정귀는 붕당 간의 정쟁에 휩쓸리지 않고 중용을 지키고자 했지만 입장이 분명하지 못하다는 비판을 받았다. 소속 당파에 상관없이 인재라면 누구나 가리지 않고 등용하고자 했으나, 모든 당파로부터 불만을 샀고, 어느 당파도 그를 지원하지 않았다. 이처럼 진심이 의심받는 상황에서 이조판서의 직을 수행하기란 너무 힘겨웠다. 이에 이정귀는 간곡한 어조로 임금에게 간언했다. 올바른 인사가 이루어질 수 있도록 임금이 관심을 가지고 노력해달라는 것이었다.

예로부터 임금이라면 누군들 군자를 등용하고 소인을 내치고 싶어 하지 않았겠습니까? 하지만 이치를 밝게 헤아리지 못하고 사사로운 뜻에 마음이 가려지게 되어 소인을 군자로 여기고 군자를 소인으로 여겨, 마침내 충성스럽고 어진 이를 해치고 간사한 자를 믿어 정사와 나라를 망치면서도 그릇된 줄 모르는 경우가 많았습니다. 대저 크게 간사한 자는 충성스러운 듯하고 크게 거짓된 자는 믿음직스러워 보이기도 합니다. 아첨하는 말은 임금을 사랑하는 듯하고 곧은 말은 임금을 비방하는 듯하며, 현재의 폐단을 바로잡고자 애쓰는 자는 일 벌이기를 좋아하는 듯하고 고식적인 태도로 구차히 세월만 보내는 자는 도리어 시무를 잘하는 것처럼 보입니다. 정도를 지켜 흔들리지 않으며 출처를 엄격히 하는 자는 거만한 듯하고 아첨하며 자리만 지키는 자는 근면해 보입니다. 명명백백한 자는 오활한 듯 보이고 사특하고 음험한 자는 깊이 있는 것 같으며, 돈독한 행실과 실덕(實德)을 갖춘 자는 질박하고 어눌해 보이고 간교한 말과 얼굴빛을 짓는 자는 재주와 지혜가 있는 듯 생각됩니다. 임금은 이러한 차이점을 분간해야 하니, 부디 성상께서는 학문에 힘써 이치를 궁구하고 사사로운 마음을 끊어내어 공정하게 하소서. 마음이 맑아져 평형을 이룬 저울처럼 되면 일의 가볍고 무거움, 사람의 아름다움과 추함이 자연히 명료하게 드러날 것입니다.

무릇 인사 담당자가 따로 있다 하더라도 최종책임자는 어디까지나 임금이다. 좋은 인재를 구별하여 우대하고 올바른 인사행정이 펼쳐질 환경을 조성하는 것은 왕의 책임이기 때문이다. 임금이 그 역할을 다하지 못하면서 인사담당자들에게만 성과를 내길 바란다면 그것은 사상누각을 짓는 일이나 다름없을 것이다. 오늘날 리더들에게 이정귀가 주는 메시지다.

17

백성에게 유익한 정책을 시행하는 일에 주력한 참된 관리

남구만, 영의정 사직상소

남구만(南九萬) / 1629년(인조 7년)~1711년(숙종 37년)

숙종 때 영의정을 지낸 소론의 영수, 본관은 의령(宜寧), 호는 약천(藥泉)이다. 송준길의 제
자로 상대 당파에 대해 온건한 입장을 취하였다. 세종 때 개척되었다가 폐쇄된 사군의 복
원을 주장하였다. 희빈 장씨의 소생인 세자(경종)를 보호하고자 노력했다.

#남구만 #약천 #소론

동창이 밝았느냐 노고지리 우지진다 / 소치는 아이는 상기 아니 일 었느냐 / 재 너머 사래 긴 밭을 언제 갈려 하나니[70]

교과서 등에 실려 우리에게 익히 잘 알려진 이 시조는 숙종 때 영의 정을 지낸 약천 남구만의 작품이다. 그는 소위 소론의 영수로 불렸는데 이 때문에 노론이 편찬한 『숙종실록』과 소론이 편찬한 『숙종 실록 보궐정오(補闕正誤)』는 그에 대한 평가를 상반되게 기록하고 있다. 다만 두 기록 모두 그의 성품이 강직하다고 평가할 정도로 그는 관료 초년 시절부터 임금의 분노를 두려워하지 않고 할 말을 다 한 인물로 유명했다.

남구만은 1687년(숙종 13년) 처음 영의정이 되었는데, 2년 후 기사 환국 때 유배를 갔다가 1694년 서인이 재집권하면서 다시 영의정에 임명되었다. 재상으로 있는 동안 그는 안민(安民)정책, 즉 백성의 삶을 안정시키고 백성에게 혜택을 가져다줄 정책을 시행하는 일에 주력했다. 오늘 소개하는 사직상소에도 이러한 그의 마음가짐이 고스란히 묻어난다.

조그만 선(善)도 하나 이룬 것 없이 그저 무거운 죄만 지은 신이, 이제는 일어나기 힘든 병까지 앓고 있사옵니다. 그런데도 전하께서는 사직을 허락해주지 않고 오랫동안 지체하시니 참으로 받잡기 민망

---

70) 『약천집(藥泉集)』 1권, 「번방곡(翻方曲)」

하옵니다. 바라옵건대 신의 간절한 심정을 굽어살피어 속히 신을 면직하여 주시옵소서. …… 비록 이렇게 직임을 벗을 수 있길 청하고 있습니다만, 신이 어찌 감히 단 일각인들 책임을 회피하고 조정을 잊을 수 있겠나이까.[71]

남구만은 비록 병이 깊어 물러나더라도 조정의 일에 대해 진언할 것이 있다며 은점(銀店) 문제를 거론했다. 당시 조선에서는 전국 각지에 위치한 은점을 통해 은을 채굴하고 제련하여 그 수익을 국가재정에 포함했다. 그런데 중앙정부에서 일일이 통제하기가 번거로웠으므로 각 지점에 감독관을 선임하고 자체적으로 운영하도록 했는데, 워낙 큰 이권이 걸려 있다 보니 부정부패가 횡행했다. 은을 채굴하는 인부가 되면 군역(軍役)을 면제받기 때문에 인부 자리를 놓고 뇌물이 오가는 일이 잦았다. "군역을 회피한 무뢰배들이 산골짝에 들어가서 은을 캔다며 남의 재물을 도둑질하고 남의 아내를 겁탈하는 등"의 피해도 컸다. 문제가 이와 같다면 무분별하게 세워진 은점을 구조조정하고 은점 운영에 대한 감독을 강화하는 등 대책을 마련해야 하지만, 중앙정부에서는 오로지 채굴량을 늘리는 데에만 급급했다. 은광을 통해 얻는 수익이 컸기 때문인데, 화폐 역할을 하는 은의 채굴이 늘어날수록 국부(國富)도 늘어난다고 여겼기 때문이다.

남구만이 보기에 조정의 이러한 태도는 백성들에게 큰 피해를 주

---

71) 이하 인용문은 모두 『약천집』 7권, 「오십 번 사직하는 글을 올린 후에 면직을 청하고 겸하여 은을 캐는 일을 논한 차자(五十度呈辭後乞免兼論採銀事箚)」가 출처임

고 있었다. 더 많은 은을 얻겠다며 은점을 무분별하게 확대하다 보니 "무덤이 파헤쳐지고 산에 살던 백성들은 자신의 터전을 잃어버렸으며, 나무와 숲이 베어져 민둥산으로 변했다." 백성을 인부로 모집하는 과정에서 강압이 행사되기도 했다. 뭐니 뭐니 해도 가장 큰 문제는 국가의 정책이 물질적인 이익 추구에만 매달리고, 백성을 위해서는 작동하지 않는다는 것이었다.

이에 남구만은 "당나라 태종 때 시어사(侍御史)인 권만기가 아뢰기를, '선주(宣州)와 요주(饒州) 두 주에 은이 많이 나오니 이것을 캐면 해마다 수백만 냥의 은을 얻을 수 있습니다.'라고 하였는데, 태종은 이 말을 따르지 않았을 뿐만 아니라 그날로 권만기를 퇴출하여 집으로 돌아가게 하였습니다. 이익을 나라를 다스리는 도리가 되어서는 안 된다고 생각했기 때문입니다."라고 말한다.

물론 당 태종은 실리(實利)를 부정한 황제가 아니다. 재정수입을 늘려 국가재정을 튼튼히 하는 것은 안정적인 국가경영을 위해 필수적인 요소이기도 하다. 다만 정치의 목적 자체가 이익창출에 맞춰져서는 안 된다. 그러다 보면 백성의 삶보다는 국부의 증진에만 치중하게 되므로 그러한 움직임에 아예 쐐기를 박은 것이다.

남구만은 말을 이어갔다.

저는 정말 모르겠습니다. 은을 캐는 일이 과연 백성을 위한 것입니까? …… 지금 조정이 걱정해야 할 것은 백성들이 굶주리는 것이지 은화(銀貨)가 부족한 것이 아닙니다. 굶어 죽은 시체가 즐비한 이때,

17. 남구만, 영의정 사직상소

새로운 관직을 만들어 여러 도에 사람을 파견하는 이유가 백성을 구제하기 위해서가 아니라 은을 캐기 위해서라면, 그 폐단이야 굳이 논할 가치도 없거니와 무엇보다 백성들의 절망이 너무나 클 것입니다.

당장 백성들이 굶어죽어 나가고 있는 상황에서 나라의 은 보유량을 늘리는 것이 과연 시급한 일일까? 백성의 안위보다 국가재정을 먼저 신경 쓰는 나라가 제대로 된 나라라고 할 수 있을까? 그런데도 임금의 인식은 매우 안이했다.

전하께서는 만약 백성에게 끼치는 폐해가 있으면 그때 다시 혁파하는 것은 어렵지 않다고 하교하셨다 들었습니다. 그것이 사실이라면 신은 더욱 온당치 못하다고 생각합니다. 일을 처음 시작할 때 여러 사람에게 묻고 상의해서 모든 것이 십분 옳고 마땅하다고 판단되더라도, 그것이 과연 마지막까지 처음 계산했던 것과 같게 될지는 기약할 수 없는 것입니다. 하물며 처음부터 의심스러운 점이 있는 일이 종국에 가서 어찌 성공할 수가 있겠습니까?

완벽해 보이는 일도 진행 과정에서 어떤 일이 발생할지 모르는데, 하물며 처음부터 문제가 될 소지가 있다면 선제적으로 대응해야지, 일이 벌어질 때까지 기다려서야 되겠느냐는 것이다.

더욱이 지금 조정의 명령은 백성들의 신임을 얻지 못하고 있으며, 국

가의 기강도 날로 무너지고 있습니다. 이는 정령(政令)과 조처가 금방 시행하다가 또 이내 그만두어서입니다. 정하여 굳게 지키고 오래 지속한 적이 없으니, "고려공사삼일(高麗公事三日, 우리나라의 정령은 3일 만에 바뀐다.)"이라는 속담은 비록 예전부터 있었으나 오늘처럼 심한 경우가 없었습니다. 전하께서 만약 이 일이 반드시 시행해야 하고 걱정할 바가 전혀 없다고 확신한다면, 신의 말은 어리석고 망령된 것이니 채택하실 필요가 없습니다. 하지만 조금이라도 폐단이 있을 수 있다고 여기신다면, 부디 신의 말을 가벼이 여기지 마옵소서."

요컨대, 남구만은 은점 문제를 통해 정책에 필요한 세 가지 주안점을 이야기한다. 우선, 정책은 그 존재 의미에 맞게 백성에게 우선순위가 맞춰져야 한다. 둘째, 정책의 집행 과정에서 예상되는 문제점들에 철저히 대비하여야 한다. 부작용이 예상되는 상황에서 정책을 시행하는 것은 금물이다. 셋째, 한번 확정된 정책은 지속적이고도 일관되게 추진되어야 한다. 그래야 백성들이 정책을 신뢰하고 국가를 믿을 수 있게 된다. 이러한 당연한 기본조차 제대로 지켜지지 않는 요즘, 남구만의 사직상소가 전해주는 교훈이다.

18

왕이 분노를 다스리고 감정을 절제하여 더 좋은 군주가 되도록 이끈 명신

송준길의 소명 사양상소

송준길(宋浚吉) / 1606년(선조 39년)~1672년(현종 13년)

본관은 은진(恩津), 호는 동춘당(同春堂)이다. 김장생의 문하로 예학에 밝았다. 송시열과 함께 '양송(兩宋)'으로 불리며 효종 대의 국정을 주도하였다. 1차 예송논쟁에서 '기년복(朞年服)'을 주장하여 관철했다. 서인의 중추와도 같은 인물로 영의정에 추증되었다.

#송준길 #동춘당 #양송 #예송논쟁

1623년(인조 1년) 충청도 연산. 남인을 대표하는 학자인 정경세가 서인의 정신적 지주 김장생을 찾아왔다. 평소 흠모하던 김장생에게 막내딸의 사윗감을 추천해달라고 부탁하기 위해서였다. 용건을 들은 김장생은 지금 바로 옆 방 서실에 가보라고 답했다. 청년 셋이 글을 읽고 있을 테니, 그중에서 골라보라는 것이었다. 정경세가 방문을 열자 한 청년은 벌떡 일어나 다가와 절을 했고, 한 청년은 가볍게 예를 표시한 후 계속 책을 읽었으며, 다른 한 청년은 아예 이쪽을 쳐다보지도 않았다. 자, 정경세는 과연 누구를 사위로 삼았을까?

정답은 두번째 청년이다. 누군지도 모르는 사람에게 다가와 절을 하는 것은 예의가 지나친 것이고, 아무리 모르는 사람이라도 어른이 왔는데 본체만체하는 것은 예의가 부족한 것이다. 따라서 정경세는 중도를 지킨 두번째 청년이 가장 흡족했다. 이 두번째 청년이 동춘당 송준길, 송시열과 더불어 '양송'이라고 불리며 17세기 후반 조선의 정계와 학계를 주도했던 인물이다.

송준길은 효종 대에 이르러 대사헌, 병조판서 등을 역임하였으며 현종 대에는 이조판서를 지냈다. 그러다 예송논쟁에 휘말려 관직을 사퇴하고 향리에 은거하였는데, 1672년(현종 13년), 다시 현종의 부름을 받지만 병을 이유로 사양했다. 이후 얼마 지나지 않아 세상을 떠났을 정도로 실제 그의 병환은 매우 깊은 상태였다. 하지만 송준길은 병든 몸을 무릅쓰고 장문의 사직상소를 썼다. 상소를 빌려 임금에게 하고 싶은 말이 있었기 때문이다.

근자에 신은 노쇠함이 심해지고 온갖 병이 중첩되고 있나이다. 그중에서도 기침이 계속되고 숨이 가빠 올라 정신이 흐려지고 생각이 어지러운 증세가 가장 괴롭습니다. 이런 상태로는 얼마 더 살지 못할 것입니다. 하여 신은 오늘 전하께 작별인사를 아뢰고자 붓을 들어 종이를 대하니 목이 메고 눈물이 옷깃을 적십니다. …… 이 기회에 품고 있던 간절한 생각을 진달하고자 하오니 "사람이 죽으려 할 때는 그 말이 선하다."라는 증자(曾子)의 말을 생각하여, 부디 너그러운 마음으로 살펴주시옵소서.[72]

송준길은 그러면서 윤경교 사건을 거론했다. 사간원 헌납이었던 윤경교가 "전하께서는 유약하시어 어물어물하며 결단을 내리지 못하고, 나라의 크고 작은 일들을 수상에게만 물어 오로지 그가 말한 대로만 따르고 계십니다. …… 나라와 백성의 안위(安位), 이해(利害)와 관련된 일들은 대충대충 넘어가면서 대신과 함께 백성을 괴롭히는 정사만 행하고 계시니 이 어지럽고 위태로운 화를 어떻게 구제하겠나이까?"[73]라고 상소를 올린 데에 대하여 현종이 크게 진노하며 문책한 일을 말한다.

여기서 '수상'과 '대신'은 당시 영의정이던 허적을 지칭하는 것으로, 현종은 이 상소가 임금에 대한 무례한 발언일 뿐 아니라, 서인이

---

72) 이하 인용은 모두 『동춘당집(同春堂集)』 7권, 「소명을 사양하고 이어 진계하는 상소(辭召命仍陳戒疏)」가 출처임

73) 『현종실록』 12년 12월 5일

남인 재상을 제거하려 드는 당쟁의 연장 선상으로 받아들였다. 이에 강한 분노를 표시한 것인데, 그 과정에서 임금답지 못한 언사를 쏟아내게 된다. 송준길은 이 점을 지적했다.

신이 듣건대, 윤경교의 일로 전하의 노여움이 너무도 격렬하고 목소리가 크게 높으셨다 하니 그로 인해 명령이 온당함을 잃고 거조가 전도된 것은 글로 다 형용할 수 없을 것입니다. 전하의 말씀 중에도 바름을 얻지 못한 것은 한두 마디가 아니니, '흉악하고 교활하다.'느니, '금수와 같다.'느니, '귀신과 같은 심보이다.'느니 하신 말씀은 신하로서 차마 들을 수가 없습니다. 일찍이 장사숙은 한낱 선비였으되 그가 욕설로 노복을 꾸짖자, 이천(伊川) 선생께서는 '어찌 동심인성(動心忍性)[74]하지 않느냐?'라고 책망하셨습니다. 하물며 임금께서 직언하는 신하에게 그러한 언성과 기색을 쓰셔야 하겠습니까?

현종은 윤경교에게, 그리고 윤경교의 처벌을 만류하는 신하들에게 험한 말을 퍼부었다. 왕으로서 보여서는 안 되는 모습을 보인 것도 문제였지만, 신하들의 간언을 감정적으로 억누르려 한다는 오명까지 받게 됐다. 순간의 치밀어 오르는 분노 때문에 감정을 제어하지 못한 결과였다. 송준길은 중국 송나라의 대학자인 정이천의 경계를 인용하며 현종의 수양 부족을 꼬집었다.

---

74) 인의예지(仁義禮智)의 마음을 발동하여 감정의 흐트러짐을 억제함

흔히 화가 나면 판단도 흐려지게 된다. 노여운 마음에서 말을 하고 행동하다 보면 쉽게 거칠어지고 돌이킬 수 없는 후회를 남기기도 한다. 물론 그렇다고 해서 '화'라는 감정 자체를 부정하라는 것은 아니다. 정이천은 "노여움은 마음의 작용으로서 사람에게 없을 수가 없다. 그러나 제대로 살피지 못해 욕심이 동하고 정이 치우쳐 올바름을 잊게 되는 것이다."라고 했다. 화가 나더라도 그 감정을 직시하고 살펴서 잘못 표출하지 않으면 되는 것이다.

그러려면 무엇보다 마음의 수양이 필요하다. 송준길은 이렇게 말한다.

임금의 마음에 하늘이 부여해준 이치〔天理〕가 순수하지 못하면 선을 행해도 부족함이 있습니다. 사람으로서의 욕심〔人欲〕을 다 제거하지 못하면 악을 없애도 그 뿌리를 뽑지 못합니다. 그리되면 한 번 생각하는 사이에도 공적인 것과 사적인 것, 사악함과 정당함, 옳고 그름, 얻고 잃어버림 등이 마음속에서 전쟁을 벌이니, 현명한 신하를 예우하면서도 간사한 무리를 심복으로 삼게 되고, 공정한 논의를 듣기 좋아하면서도 때론 이것을 용납하지 못하는 것은 바로 이 때문입니다. 또한, 모함하고 이간질하는 말을 미워하면서도 아첨하는 말을 충직한 말로 여기고, 백성을 아끼고 사랑하면서도 백성의 탄식과 원망을 듣지 못하게 됩니다. 등용한 사람이 모두 부적격자는 아니지만 그렇다고 모두 적격자도 아니며, 행하는 일이 모두 도리에 맞지 않는 것은 아니지만, 그렇다고 모두 도리에 맞는 것도 아닌 상황이 벌어지

는 것입니다.

아무리 선한 뜻을 가졌다고 하더라도 마음 안에 치우친 감정과 사욕이 남아 있다면, 그 마음은 도리에 맞게 발현할 수 없다. 감정에 흔들려서 안 하느니보다 못한 결과를 가져올 수도 있다. 좋은 의도로 꺼낸 말이지만 감정이 더해져 상처를 주고, 좋은 의도로 시작한 일이지만 마음이 잘못 작용하여 변질되어버리는 경우를 우리는 쉽게 찾아볼 수 있다. 송준길이 현종에게 분노로 인해 자신을 그르쳐서는 안 된다고 간곡히 진언한 것은 그래서일 것이다. 임금이 한순간의 감정을 다스리지 못해 어긋난 행동을 하게 된다면 그 피해는 자신뿐 아니라 나라 전체에 미치게 되기 때문이다.

신이 짐작하건대, 아마도 전하께서는 밤잠을 이루지 못하고 이 일을 후회하며 고치려고 생각하실 것이옵니다. 바라건대 전하께서는 성상의 이번 분부 중 이치에 맞지 않았던 것들에 대해 뉘우치고 깨달은 뜻을 보여 이를 사과하소서. 그래야 나라가 훌륭히 다스려질 것입니다.

송준길은 이제라도 현종이 반성하고 사과해야 한다고 말한다. 그래야 다시는 같은 잘못을 되풀이하지 않는다는 것이다. 감정을 다스리라는 것, 그리고 그러한 잘못을 반복하지 말라는 것, 송준길이 사직 상소가 전달하고자 하는 이야기다.

19

임금이 바르게 정치하도록 쓴소리를 마다치 않은 선비

장유, 대사간 사직상소

장유(張維) / 1587년(선조 20년)~1638년(인조 16년)

명문장가로 이름을 날린 학자이자 정치가로 본관은 덕수, 호는 계곡(谿谷)이다. 인조반정
에 참여하여 2등 공신이 되었으며 효종의 장인이기도 하다. 병자호란 당시에는 최명길과
함께 화친을 주장했다. 어머니의 장례를 치른 후 과로로 죽었다. 천문과 지리, 병법에도
뛰어난 재능을 보였으며, 양명학을 수용하였다.

#장유 #계곡 #인조반정 #양명학 #한문사대가

1623년, 인조반정을 성공시킨 반정공신(反正功臣)들은 구세력에 대한 일대 숙청작업에 돌입했다. 광해군 시대를 주도했던 정인홍, 이이첨, 유희분 등이 처형되었고, 자결한 영의정 박승종도 재산이 몰수되었다. 수많은 사람이 삭탈관직 되거나 유배를 떠났으며, 죽임을 당한 이도 부지기수였다. 무사한 사람들도 혹여 자신에게 불똥이 튈세라 숨죽여 상황을 지켜보고 있었다.

그렇게 한 해가 지나고 1624년(인조 2년) 4월, 살얼음 같은 정국에도 훈풍이 불기 시작한다. 인조의 권력 기반이 공고해지고 조정이 안정을 되찾아가자, 집권세력이 '화해와 용서'를 들고나온 것이다. 아무리 과거의 잘못을 단죄하기 위해서라 하더라도 대립과 갈등의 국면이 오래 지속하다 보면, 그 나라의 역량은 분산되고 하나 된 힘을 발휘할 수가 없게 된다. 조정에서 성하연, 황중윤, 한유상 등 광해군 때의 일로 처벌받은 이들의 감형을 결정한 것도 그래서였다.

그런데 이에 대해 사헌부가 강력하게 반발했다.

성하연 등은 간흉(奸凶)에게 붙어서 폐모론[75]을 주장하였고, 황중윤은 적(敵, 후금)을 따르자는 논의를 맨 먼저 주창하였으니 천하의 죄인입니다. 한유상은 이이첨의 죄악이 극도에 달한 뒤에도 그를 주인처럼 섬기며 흉악스러운 짓에 동참하였습니다. 이들은 모두 용서받을 수 없는 죄인인데도 갑자기 감형의 은혜를 입었으니 속히 명을 거

---

75) 선조의 계비(繼妃)인 인목대비를 폐위하는 논의

19. 장유, 대사간 사직상소

두옵소서![76]

나라에 큰 해를 끼친 죄인들이므로 관대해서는 안 된다는 것이다. 이에 대해 인조는 짜증 섞인 반응을 보인다.

> **근래에 대신이 임금에게 올려 결정한 일들을 가지고 대간에서 무조 건 따지고 논박하는데, 이는 매우 잘못되었다. 성하연 등에게 죄가 있기는 하나 대신들이 그 경중을 참작하여 이미 결론을 낸 것이니 결코 고칠 수 없다. 다시는 번거롭게 하지 말라.**[77]

인조는 사헌부를 강하게 질책하며 제대로 살펴보지도 않은 채 무조 건 비판만 하려는 행태를 고치라고 요구했다.

그러자 이번에는 대사간 장유가 사직상소를 올리며 인조의 태도 를 지적했다. 인조반정의 2등 공신이자 대문장가로 명망이 높았고, 천문과 지리, 역술, 병법에도 능한 다재다능의 지식인이었던 계곡 장 유는 문제의 초점을 다른 곳에 맞췄다. 성하연 등을 감형해주는 것 이 옳은가 옳지 않은가 논하기 이전에 그 과정에서 보여준 인조의 자세부터가 잘못되었다는 것이다.

> **국가에서 대간의 직책을 설치하여 눈과 귀의 역할을 하도록 한 것은**

---

76) 『인조실록』 2년 4월 12일
77) 위와 같음

조정의 부족한 점을 바로잡아주고 상충되는 의견을 원만하게 조율함으로써 임금의 덕에 잘못된 점이 없도록 하고, 형벌과 정치가 지극히 타당하게 시행되도록 하려는 데에 있습니다. 그러므로 임금이 옳다고 여기는 것이라도 언관(言官)의 입장에서는 그르게 여길 수 있습니다. 묘당에서 타당하다고 여기는 것이라도 대각에서는 부당하다고 여길 수 있습니다. 서로 화합하면서도 본래 의견이 같지 않은 부분이 있을 수도 있는 것입니다. 만약 잘못된 행동거지인 줄 알면서도 바로잡아주지 못한다면 어찌 되겠습니까. 마음속에 좋은 생각이 있어도 할 말을 다 하지 않는다면, 그저 위아래가 모두 부화뇌동하면서 아첨하는 풍조만 가득하다면, 장차 대간이라는 것을 어디에다 쓰겠습니까?[78]

무릇 모든 사람의 생각이 다 같을 수는 없는 법이다. 같은 질문이라도 관점에 따라, 가치관에 따라 얼마든지 다른 답이 나올 수 있다. 이때 생각과 생각의 차이, '나의 답'과 '너의 답' 사이에 놓여 있는 간극을 어떻게 다룰 것이냐가 관건인데, 인조처럼 강제적으로 획일화하려 들어서는 안 된다. 물론 조직 차원에서 하나의 방향을 확정하고 통일된 의사결정을 내려야 하는 상황도 있을 수 있다. 그럴 때는 먼저 충분한 논의와 토론을 통해 서로가 합의할 지점부터 찾아야 한다. 합의가 끝내 불가능하더라도 다른 의견들의 장점을 빠짐없

---

78) 이하 인용은 모두 『계곡집(谿谷集)』 21권, 「책임을 지고 대사간의 직무 수행을 피하는 계사(大司諫引避啓辭)」가 출처임

이 반영하고자 마지막까지 노력해야 한다. 하나의 생각은 각자의 선입관과 한계에 갇혀 있게 마련이고, 이를 극복하기 위한 가장 좋은 방법은 다른 의견에 귀 기울이는 것이기 때문이다. 그러지 않고 단지 높은 분들이 결정한 일이라 하여, 혹은 이미 하기로 정해진 일이라 하여 다른 의견을 억누르고 봉쇄한다면 더 좋은 길을 찾아낼 가능성을 시작도 하지 않고 폐기해버리는 것이 된다.

장유는 대간의 존재 의미도 바로 이 지점에 있다고 생각했다. 임금과 대신들이 잘못된 판단을 내리지 않고 집단사고의 함정에 빠지지 않도록 자극해주는 역할을 맡은 것이다. 놓치고 있는 부분을 발견하도록 하고 새로운 아이디어를 제공해주며 국정 운영이 더욱 완벽해질 수 있도록, 요즘 말로 '악마의 변호사(Devil's advocate)'를 자임하는 것이다. 그리하여 임금은 이 대간의 말에 귀 기울임으로써 정책을 더욱 튼튼하게, 정치를 더욱 건전하게 만들어갈 수 있다. 하지만 안타깝게도 인조는 그러질 못했다.

성상께서 보위에 오른 이래로 펼치신 정사(政事)는 그야말로 흠잡을 데 없었습니다. 다만 유독 의견을 경청하고 비판을 용납해주시는 점에서만큼은 미진합니다. 어제 사헌부에 내리신 계시도 그렇습니다. 전하께서는 "임금과 대신이 논의해 결정한 일들을 가지고 옳은지 그른지 생각해보지도 않은 채 무조건 따지고 논하니 매우 잘못되었다."라고 하셨습니다. 이 말을 듣고 신들은 아연하여 탄식하였는데, 대체 성상께서 그렇게 말씀하신 뜻이 과연 어디에 있는 것인지

도저히 이해가 되지 않습니다. 가령 조정에서 시행한 조치가 백성들의 여론과 선비들의 공의(公議)에 제대로 합치되는 것이라면 신들은 마땅히 우러러보며 복종하기에 겨를이 없어야 하겠습니다만, 그렇지 않을 경우에야 어찌 꿀 먹은 벙어리처럼 입을 다문 채 구차하게 부화뇌동하여 나랏일이 잘못된 방향으로 흐르는 것을 내버려 둘 수 있겠습니까? 이제 성상께서 이렇게까지 분부하시다니 이는 국가의 불행이 아닐 수 없습니다.

이상 장유가 말하는 대간의 존재 의미는 오늘날 기업의 '레드팀(RED TEAM)'과도 상통한다. 최악의 시나리오를 만들고, 비판할 거리를 찾고, 허점을 찾아내는 것이 주된 업무인 이들은 그저 단순한 트집쟁이가 아니다. 이들이 던지는 '쓴소리'를 통해 발생할지도 모를 문제점을 선제적으로 예방하고 올바른 의사결정을 내리기 위해 이러한 팀을 조직한 것이다. 또한, 업무를 직접 담당하는 사람은 전문적일지언정 상황을 객관적으로 보지 못하는 경우가 많다. 이때 주의를 주는 것도 '레드팀'의 역할이다. 같은 맥락에서 대간의 현대적 활용방안을 모색해보는 것도 의미가 있을 것 같다는 생각이다.

끝으로, 간쟁을 하고 이것을 경청하는 것은 임금과 신하, 조직의 리더와 참모 간에만 벌어지는 거창한 일이 아니다. 『소학(小學)』에 보면 이런 말이 나온다.

선비에게 바른말을 하는 친구가 있으면 아름다운 이름을 잃지 않

고, 아비에게 바른말을 하는 자식이 있으면 불의에 빠지지 않을 것이다.

쓴소리를 기꺼이 받아들이고 자신을 반성하는 일, 이것은 누구도 아닌 자기 자신을 위해 지켜야 할 자세인 것이다.

20

리더가 갖춰야 할 '9가지 항목'을 제시한 영남학파의 거두

이상정, 형조참의 사직상소

이상정(李象靖) / 1711년(숙종 37년)~1781년(정조 5년)

'작은 퇴계(小退溪)'라 불린 학자로 본관은 한산(韓山), 호는 대산(大山)이다. 여러 관직에 제수되었지만 대부분 나가지 않았고 학문과 제자 양성에 매진했다. 이황의 학설을 발전시켜 영남학파의 중추가 되었다.

#이상정 #대산 #소퇴계 #영남학파

3월 말경에 억지로 몸을 추슬러 길에 올라 충원(忠原, 충주)에 이르렀으나 병 때문에 더 나아갈 수 없었습니다. 5월 중순이 되어 다시 길을 나섰으나 풍기(豊基)에 이르러 또 병이 났습니다. 열흘 동안 머물며 조리했지만 도저히 앞으로 나아갈 가망이 없었는지라 짧은 글을 올려 면직을 청하였고, 고향에 돌아와 죽기를 기다린 지 어언 한 달, 아직 몸을 전혀 움직일 수가 없나이다.[79]

1781(정조 5년)년 7월 1일, 영남학파를 대표하는 학자로 '작은 퇴계'라고 불렸던 대산 이상정은 자신을 조정으로 부른 정조에게 사직상소를 올렸다. 출사하라는 명령을 따르고자 집을 나섰지만 도저히 한양으로 올라갈 형편이 아니라는 것이다. 실제로 그는 같은 해 세상을 떠났을 정도로 건강이 매우 안 좋았다.

그래서 이상정은 대신 임금에게 올리고 싶었던 말들을 사직상소에 담는다.

삼가 듣건대, 옛사람 가운데에는 말로써 임금을 섬기는 자가 있다고 하였습니다. 신은 이미 조정에 나아가 능력을 펼치고 힘을 바칠 수 없는 상황이오니 차라리 이를 본받아 신의 보잘것없는 충성을 조금이나마 올리는 편이 낫지 않겠습니까. 만약 신의 말 가운데 어느 정도 채택할 만한 점이 있다면 비록 신이 물러나 있더라도 등용된 것

---

79) 이하 인용문은 모두 『대산집(大山集)』 4권, 「형조참의를 세번째로 사직하며 아울러 임금의 덕을 면려하길 진언하는 상소〔三辭刑曹參議仍陳勉君德疏〕」가 출처임

이나 마찬가지일 것입니다. 혹 취할 만한 것이 없다면 신이 조정에 나아가더라도 나라에 무슨 유익함이 되겠습니까?

비록 출사하여 곁에서 보좌하지는 못하지만, 임금께 하고 싶은 말을 남김없이 적어 올리는 것으로써 신하된 자의 도리를 대신하겠다는 것이다.

이에 이상정은 자신의 사직상소에 임금이 유념해야 할 9가지 사항을 함께 담았다. 모두 임금의 마음가짐과 관련된 것이었는데, "마음에 지녀야 할 것만 논했을 뿐 정치나 제도의 구체적인 부분을 언급하지 않은 이유는" 그것이야말로 나라의 근본이자 국정의 제1 조건이라고 생각했기 때문이다. "근본이 확립되면 말단은 저절로 따라오는 법"으로 왕이 올바른 마음과 언행으로 정무에 임한다면 나라는 자연히 잘 다스려진다는 것이다.

이상정이 주문한 9가지 사항을 차례로 살펴보면, 우선 첫번째, '뜻을 세우는 것〔立志〕'이다. 뜻이란 사람이 이루고 싶은 목표, 공동체가 나아가야 할 미래에 대한 비전이다. 이것이 정해져야 비로소 노력하게 되고 성과도 거둘 수 있다. 그런데 '뜻'은 높은 것을 지향해야 한다. 완전히 불가능한 것은 아니지만 온 힘을 다해야 이룰 수 있는 목표, 즉 '도전적 목표(Stretch Goal)'여야 한다. 이상정은 정이천의 말을 인용하며 "학문을 논할 때는 '도'를 뜻으로 삼아야 하고, 사람을 목표로 할 때는 성인을 뜻으로 삼아야 한다."라고 말한다. 그에 따르면,

한나라의 효문제(孝文帝)[80]는 현명한 군주였지만 "너무 높은 것을 논하지 말고 지금 할 수 있는 것을 실행하라."라고 했으므로 끝내 성군의 업적을 이루지 못했다. 당면한 과제를 힘써야 하는 것은 맞지만 높은 뜻을 가지고 임하지 않으면 "작은 성공을 편안히 여겨 떨쳐 일어나지 않고, 끝내 원대한 곳에 도달하지 못하기" 때문이다.

다음으로 두번째, '이치를 밝히는 것(明理)'이 필요하다. 임금은 만기총람(萬機總攬), 즉 하루에도 다양한 사람들을 상대하고 수많은 일을 처리해야 한다. "깊이 통찰하고 세밀히 살펴서 이치를 환히 깨닫지 못한다면" 옳고 그름을 분간하지 못하게 된다. 상황에 현혹되고 농간에 넘어갈 수 있다. 그러므로 임금은 평소 "진리가 담긴 유학의 경전을 공부하고, 성공과 실패의 사례가 기록된 역사서를 두루 읽어" 사려를 튼튼하게 만들어야 한다. 세번째는 '경에 거하는 것(居敬)'이다. 경(敬)이란 마음의 중심을 잡는 일로 사적인 감정이나 욕망에 흔들리지 않도록 해준다. 자기에게 엄격하고, 다른 사람이 보지 않고 듣지 않는 곳에서도 행동을 삼가며, 생각이 싹트는 과정을 치열하게 살펴 정당함을 잃지 않도록 주의해야 한다. 다만 너무 억제하다 보면 오래갈 수 없으므로 여유를 갖되 결코 태만해서는 안 된다는 것이 이상정의 주장이다.

네번째는 '하늘을 본받는 것(體天)'이다. 임금은 하늘이 만물을 보

---

80) 한고조 유방의 아들로 중국 역사상 손꼽히는 태평성대인 '문경지치(文景之治)'를 이룬 황제이다. 보통 '문제(文帝)'라고 칭하며 시호가 '효문황제(孝文皇帝)'이다. 이상정은 효문제가 성군이 될 자질이 충분했다고 본다. 하지만 원대한 목표를 세우지 않고 그저 당면한 과제를 해결하는 일에만 주력함으로써 성군의 경지에 이르지는 못했다는 것이다.

살피듯 백성을 위해 헌신해야 하고, 하늘의 도리, 즉 보편적 도덕규범에 따라 실천하고 행동해야 한다. 아울러 다섯번째 '간언을 받아들이라(納諫).'는 것은 귀에 거슬릴지라도 충성스러운 말과 바른 논의들을 기꺼이 수용하여 임금의 부족한 부분을 채우고, 나라를 이롭게 하라는 뜻을 담고 있다. 여섯번째 '학문을 일으키는 것(興學)'은 인재육성과 관련된 내용으로 나라 안에 문화와 학술이 흥기되어야 좋은 인재들이 나온다는 것이다.

이어 일곱번째 '인재를 등용하라(用人).'는 이상정이 특히 강조하는 부분이다. 아무리 총명하고 뛰어난 임금이 있어도 그 혼자서 나라의 모든 일을 감당할 수 없다. 따라서 "관직을 두고 직분을 나누어 능력과 특성에 따라 임무를 맡기고 책임을 지우"는 것이다. 임금은 인재를 구별하는 "마음과 눈을 제대로 갖추어야 하는데", "모름지기 사람의 그릇을 잘 살펴서 맡기고 사람의 힘을 헤아려 부려야 한다." 또한 "충성스러운 사람을 등용하고 아첨하는 자를 멀리해야 하며, 탐욕스러운 자를 내치고 아첨하는 자를 멀리해야 한다." 그렇지 않으면 충성스러운 인재는 자취를 감추게 된다는 것이다.

여덟번째는 '백성을 사랑하라(愛民)'로, 임금이 존재하는 이유는 "백성을 사랑하고 길러서 그들이 각자 원하는 삶을 살 수 있도록 이끌어주기 위해서"이다. 이러한 임금의 책임을 잊어버린 채 그저 군림하고 통치하며 백성들을 억압해서는 안 된다. 마지막 조항인 아홉번째는 '검소하라(尙儉)'이다. 하늘이 내어준 재물에는 한계가 있지만 사람이 사용하는 것은 끝이 없다. "절제하거나 삼가지 않으면 마음이 방탕해져서 자신을 해치게 된다." 더욱이 임금이 사용하는 재물은 백성에게서 나온 것이다. 백성들로부터 거둔 것이기 때문에 그것을 사용할 때 조금이라도 낭비해서는 안 된다. 이상정은 "임금이 스스로 검소하고 절약하여 백성을 윤택하게 한다면 백성이 기뻐하고 하늘도 임금을 도와줄 것"이며, "백성들도 이를 본받아 절약과 검소를 숭상하게 되어 자연히 나라도 부강하게 된다."고 본다.

이상 9가지 항목은 비단 전통사회의 임금뿐 아니라 오늘날의 리더가 명심해야 할 교훈들이기도 하다. 비전을 세우고 공정한 마음과 바른 자세로 조직과 구성원들을 위해 헌신하며, 면밀하게 일을 살피고 결단하는 것. 인재를 육성해 적재적소에 배치하고 구성원들의 모범이 되어 조직의 힘을 하나로 모으는 것. 당연한 일 같지만 제대로 실천하지 못하는 일들이다. 진정한 리더의 품격은 이처럼 당연한 일들을 완수하는 데서 나온다는 것. 이것이 이상정이 전하고 싶은 이야기일 것이다.

21

백성들의 조세와 군역의 부담을 덜어주고자 애쓴 헌신

송상기, 대사헌 사직상소

송상기(宋相琦) / 1657년(효종 8년)~1723년(경종 3년)

본관은 은진. 호는 옥오재(玉吾齋)이다. 송시열의 문인이자 김수항의 조카로, 노론의 핵심
중진이었다. 대제학, 예조판서, 이조판서 등 요직을 두루 역임하였으며, 문장력이 뛰어나
청나라에까지 명성을 떨쳤다. 1722년, 신임사화(辛壬士禍)에 연루되어 귀양을 갔다가 유배
지에서 죽었다. 영조의 즉위와 함께 복권된다.

#송상기 #옥오재 #노론 #신임사화

돌아갈거나! 가고 싶어도 가지 못하니 언제쯤 돌아갈 수 있을까? 티끌 세상은 오래 머물 곳이 못 되나니, 항상 답답하고 슬프구나! 옛적엔 내 뜻이 크고도 당당했었지. 하지만 슬프게도 옛사람 따를 수가 없네.[81]

세상이라는 파도에 휩쓸리지 않고 학문을 벗 삼으며 유유자적한 삶을 살고 싶었으나 거친 정쟁(政爭)을 만나 귀양을 가고, 결국 유배지에서 생을 마감한 옥오재 송상기. 관직에서 벗어나고 싶어 매번 사직상소를 올리던 그였지만, 사대부가 지녀야 할 책임감은 국정에 대한 치열한 고민을 함께 남겼다.[82] 사직을 요청하며 양역(良役) 변통을 논한 상소가 대표적으로, 바로 이번 장의 주제이다.

1715년(숙종 41년) 9월 25일, 송상기는 맡고 있던 대사헌과 겸직하고 있던 대제학에서 모두 해임해달라고 요청했다.

병세가 더해지기만 하고 나아지는 것은 전혀 없어서 자리에 누워 밤낮으로 신음하며 괴로워하고 있으니, 업무에 힘을 쏟을 가망이 전혀 없나이다. 지금 소패(召牌)[83]가 내려왔는데도 끝내 달려나가지 못하였으니 참으로 죽을죄를 지었습니다.[84]

---

81) 『옥오재집(玉吾齋集)』 1권, 「귀거래사에 화답하다(和歸去來辭)」

82) 그의 문집에 수록되어 사직상소만 70편에 이른다. 모든 상소가 문집에 수록되는 것은 아니므로 이보다 더 많았을 것으로 추정된다.

83) 임금이 신하를 부르는 패

84) 이하 인용문은 모두 『옥오재집(玉吾齋集)』 10권, 「대사헌을 사직하고 겸하여 품고 있는 생각을 올리는 상소(辭大司憲兼陳所懷疏)」가 출처임

그런데 사실 이때 그는 몸을 움직이지 못할 정도로 아프지는 않았다. 실록에 보면, 며칠 지나지 않아 멀쩡하게 다른 임무를 수행하는 모습이 나온다. 병을 이유로 대는 것은 의례적인 핑계이고, 요직인 대제학과 대사헌을 겸임하는 것에 대한 부담을 덜고 지지부진한 양역 개혁 작업에 대해 임금의 주의를 환기하고자 한 의도로 판단된다.

또한 신이 품은 생각이 있어서 감히 여기에 덧붙여 말씀드리니, 성스럽고 명철한 전하께옵서 살펴 처리해주시기를 바랍니다. …… 얼마 전 전하께서 양역의 고질적인 폐단을 깊이 염려하는 비망기를 내리시자 온 나라 사람들이 모두 감격한 바 있습니다. 진실로 이 기회를 통해 그 법을 잘 바꾼다면 수백 년 동안 누적된 폐단을 깨끗이 씻어낼 수 있을 것이고, 팔도의 백성들도 편안해질 것입니다.

양역은 양인(良人)[85]이 부담하는 부역(賦役)이라는 뜻으로, 16세에서 60세 사이의 성인 남자에게 부과되는 각종 신역(身役)을 합쳐 부르는 말이다. 일정 기간 군대에서 복무하는 '군역'이 주된 형태였는데, 직접 군인이 되지 않는 사람들의 경우 대신 국방 경비를 부담하는 차원에서 군포 2필을 내야 했다. 그런데 임진왜란과 병자호란, 대기근(大飢饉) 등이 이어지면서 17세기의 조선 인구는 급감했고, 이에 비해 전후 복구와 국방력 확충 등 재정 수요는 증대되면서 문제가 생겨

---

85) 천민을 제외한 모든 백성

났다. 백성들이 짊어지는 부담이 몇 배로 가중된 것이다. 고을수령들도 할당량을 채우고자 무리하게 군포를 거둬들였는데, 죽은 사람에게 군포를 징수하는 백골징포(白骨徵布), 어린아이를 군적에 올리는 황구첨정(黃口簽丁)이라는 말이 여기에서 비롯됐다. 더욱이 양반이나 부유한 평민들은 징세 대상에서 빠져나가면서 백성들의 원성은 걷잡을 수 없이 거세진다. 조정에서 양역 문제를 개선하기 위한 작업에 돌입한 이유이다.

하지만 양역을 개혁하는 작업은 쉽지 않았다. 가장 손쉬운 해결책은 징수대상을 확대하는 것, 즉 양반에 대한 면세를 폐지하는 것이었지만 반발이 워낙 거셌던 탓이다. 송상기 역시 이 부분을 거론한다.

지금 각 고을에는 역호(役戶)가 있고 유호(遊戶)가 있습니다. 유호는 곧 사대부, 유생(儒生) 등 신역의 의무를 지지 않고 한가롭게 노니는 자들입니다. 우리나라에서 양역을 부담하는 사람의 숫자는 사대부 이하 이들 한가롭게 노니는 자들의 숫자에 미치지 못합니다. 지금 양역을 담당하는 가구를 한가롭게 노니는 자들의 가구에 비교해본 다면 각 고을의 상황을 일률적으로 말하기는 어려우나 반드시 유호가 역호보다 많을 것입니다.

신이 지난해 경기와 호남에서 바쳐야 하는 군포의 수와 고을별 가구 수를 비교해보니, 가구 수가 군액(軍額)보다 두세 배나 많았습니다. 물론 경기와 호남, 충청, 영남 등은 양반이라 불리는 자들이 다른 도

에 비해 많은 편이니, 서북 지역 도의 경우도 모두 이와 같은지는 알수 없습니다. 그래도 차이가 크게 나지는 않을 것입니다. 따라서 지금 본래 군포 두 필을 바치던 자들에게 한 필을 감면해주고자 한다면 그 나머지 한 필은 유호(遊戶)에게 분담시키소서.

백성들의 부담을 낮춰주는 대신 그 부족분을 양반에게 청구하자는 것이다. 조세감경과 조세균등과세를 함께 구현하자는 주장이었다. 송상기는 이를 위해 "먼저 각 고을에서 바치는 모든 종류의 납포(納布)를 파악하고 몇 사람이 바치는지도 확인해야 합니다. 또 그 고을의 호적을 살펴보아 역호와 유호를 구별하여 많고 적음을 비교해야 합니다. 만약 역호가 적고 유호가 많다면 한 필로 낮추더라도 납부하는 숫자는 예전보다 증가할 것이니 염려할 것이 없습니다. 혹 유호가 적고 역호가 많아 납부량이 전보다 많이 줄어들지라도 다른 지역의 초과량을 덜어 더해준다면 국가에서 쓰는 비용을 충당할 수 있을 것이옵니다."라고 말한다. 실제 호적과 군적 장부를 자세히 조사하고 시스템을 새로이 정비하여 이를 뒷받침하자는 것이다.

그런데 다른 신하들은 이에 동의하지 않았던 것 같다. 백성들의 원성에 못 이겨 개인에게 부과된 군포를 줄여주자고 주장하면서도 이에 대한 결손분을 양반에게 부담시키는 것에 대해서는 반대가 우세했다. 송상기는 답답함을 표시한다.

삼가 보건대, 전하께서는 양역의 폐단을 없애고 백성을 구휼하기에

힘쓰시지만, 대신들은 그저 신포(身布)를 줄이자고만 하니 이는 상
황을 제대로 파악하지 못한 듯합니다.

국가재정은 생각하지 않고 포퓰리즘적 행태를 보이는 태도를 비판
한 것이다. 그러면서 송상기는 이렇게 상소를 끝맺는다.

『예기(禮記)』에 이르기를, 도를 의논할 때는 자신이 깨우친 것에서부
터 해야 하고, 법(法)을 만들 때는 백성의 처지를 고려해서 해야 한
다고 하였습니다. 법이 비록 좋다고 하더라도 반드시 도를 근본으
로 삼아야 하니, 이처럼 한 뒤에야 법이 제대로 행해지게 됩니다. 이
른바 도에는 수많은 것들이 있지만, 공자께서 "재용(財用)을 절약하
고 사람을 사랑하라."라고 한 말과 『주역(周易)』의 "제도로써 절약하
여 재물을 낭비하지 않고 백성을 해롭게 하지 않는다."라는 말이 참
으로 절실합니다. 지금 개인이나 나라나 창고가 텅 비어 있고 저축
해놓았던 것도 모두 써버렸습니다. 진실로 위에서 덜어 아래에 더해
주고, 수입을 헤아려 지출하되 불필요한 낭비를 막음으로써 실질적
인 은혜가 아래 백성에게까지 고루 미치게 해야 합니다. 그렇게 한
뒤에야 비로소 굶주리고 쇠약해진 백성을 구제할 수 있을 것입니다.
그렇지 않으면 설령 좋은 법과 아름다운 제도가 있더라도 신은 한갓
헛된 문장이 되지 않을까 염려됩니다.

백성을 위한 제도를 실현하기 위해서는 위에서부터 모범을 보여야

한다. 설령 자신들이 손해를 입을지라도 먼저 나서서 책임을 늘려야 나라가 고르게 발전할 수 있다. 백성의 부담을 덜어준다면서 그 부담을 함께 짊어질 생각을 하지 않는다면 그것은 기만에 불과하다는 것이 송상기가 전하고자 하는 메시지다.

22

역사기록의 객관성과 투명성을 확보하기 위해 노력한 세종 시대의 명재상

신개, 대사헌 사직상소

신개(申槩) / 1374년(고려 공민왕 23년)~1446년(세종 28년)

세종 시대를 이끈 재상 중 한 사람으로 본관은 평산(平山), 호는 인재(寅齋)이다. 역사에 밝아 『고려사』 등 사서(史書) 편찬을 주도했으며, 국경을 침범하는 야인(野人)에 대한 토벌을 주장하여 관철시켰다. 세종 대에 이루어진 공법(貢法) 개혁에 기여했고 각종 인사 제도를 확립했다.

#신개 #인재 #실록 #공법

흔히 세종 시대의 명재상 하면 황희나 맹사성, 허조 등을 떠올리지만 빼놓을 수 없는 인물이 한 사람 더 있다. 인재 신개가 바로 그이다. 세종이 "영의정 황희는 늙고 병들었으며 좌의정 허조는 비록 병은 없지만 나이가 일흔을 넘었으니, 나이도 늙지 않았고 기운도 강건한 신개를 우의정에 삼는다."[86]라고 말했을 정도로 깊은 신임을 받았으며, 재상으로 재임하는 동안 조선의 인사행정과 토지 조세제도를 정비하는 데 공헌하였다. 특히 오늘날의 인사청문회와 유사한 제도인 '서경(署經)'을 확대해 시행하고 과거시험의 공정성을 강화하였으며, 조세징수의 객관성을 확보한 '공법'을 확립하는 과정에 주도적인 역할을 담당했다.

신개는 고려왕조 시절 생원시와 진사시에 합격하고, 1393년(태조 2년) 문과에 급제했다. 당시 좌정승이었던 조준은 '재상이 될 그릇'이라며 신개를 칭찬했다고 한다. 이후 그는 이조정랑, 의정부 사인(舍人)[87], 전라도 관찰사, 예문관 대제학, 대사헌, 이조판서 등 요직을 두루 역임했는데, 대사헌으로 재직할 당시 두 번의 사직상소를 올린 적이 있었다. 모두 '피혐(避嫌)'하기 위해서였다. 죄가 있다며 탄핵을 받았으니 그 혐의가 해소될 때까지 업무에서 물러나겠다는 것이다.

우선, 첫번째로 살펴볼 것은 1431년(세종 13년) 7월의 기록이다. 이때 신개는 "생각이 그릇되어 일을 처리하는 데 민첩하지 못하여 법관으로부터 탄핵을 받았으니, 직무를 그르친 꾸지람을 어찌 피하오

86) 『세종실록』 21년 6월 12일
87) 의정부에 속한 정4품 벼슬로 삼정승의 의견을 수합하여 임금에게 전달하는 임무를 맡았다.

리까."라며 사직상소를 올렸다.[88] 무슨 일로 탄핵을 당했는지는 기록에 나와 있지 않지만, 탄핵을 당한 이상 자신의 잘잘못이 가려질 때까지 관직에서 물러나겠다는 의사를 밝히고 있다.

이어 두번째 상소는 1432년(세종 14년) 7월에 올려졌다. 강원도 고성 고을의 수령 최치가 관아의 곡식을 사사로이 남용한 것을 조사하는 과정에서 그가 신개에게 생대구 두 마리를 뇌물로 상납했다는 혐의가 나왔다. 이에 형조는 신개를 탄핵하였는데, 신개의 해명에 따르면 ① 사촌 형 신정도가 최치와 아는 사이로, 신정도의 집 노비가 고성에 갔다가 '노신(路神)에게 고사 지내는 비용'[89]으로 생대구를 받은 것이며 ② 더욱이 그 노비가 두 마리 중 한 마리는 사당에서 고사를 지내는 데 쓰고, 다른 한 마리는 길에서 만난 지인에게 주는 등(이를 본 증인이 있음) 자신과는 아무 상관이 없다는 것이었다. 또한, ③ 생고기는 썩기 쉬운데, 어찌 한여름 더위에 서울까지 운반하도록 했겠으며 ④ 정말 뇌물이라면 수백 리 먼 길에 단지 물고기 두 마리를 보냈겠냐는 것이다.[90]

신개는 형조에 사건에 대한 신속하고도 분명한 조사를 요청하고 동시에 피혐하는 사직상소를 올렸다.

---

88) 『세종실록』 13년 7월 26일

89) 먼 길을 무사히 갈 수 있도록 기원하는 제사를 지내는 것

90) 『세종실록』 14년 7월 4일

풍헌(風憲)[91]의 직책은 위로는 조정의 잘잘못과 아래로는 중앙과 지방 모든 관원의 옳고 그름, 그릇됨과 올바름을 말하지 않을 수 없습니다. 그 임무와 직책의 중차대함이 이와 같거늘 신이 용렬한 재주를 가지고 잠시나마 장관의 자리를 채우게 되어 진즉에 부끄러운 마음이 많았습니다. 그런데 지금 또 혐의를 받고 있으니 태연하게 직무를 맡기에는 의리상 편치 못한 바가 있습니다.[92]

관료사회의 기강을 확립하고 공직자의 행동을 감찰하는 대사헌으로서 뇌물을 받았다는 혐의를 받고 있으니, 비록 억울한 무고일지언정 진상이 밝혀지기 전까지는 이 자리에 계속 있을 수 없다는 것이다.[93]

이와 같은 피혐은 조선의 선비들이 관직 생활을 하면서 준수했던 일종의 관례인데 자신의 도덕성을 지키기 위해서일 뿐만 아니라, 공직의 공정성과 권위, 투명성을 확보하기 위한 노력이었다. 또한, 신개는 자신이 물러나지 않으면 "수뢰한 사실이 발각되었는데 대사헌이어서 사면을 받았다고 말하는 사람들이 나올 수 있다"[94]라고 우려했다. 수사기관인 형조가 현직 대사헌의 잘잘못을 제대로 가려내기 힘들 것이며, 임명권자인 임금에게도 누를 끼칠 수 있으므로 차제에 자리에서 물러나 객관적인 조사를 받겠다는 것이었다.

---

91) 관리의 기강을 바로 잡고 감찰하는 책임. 신개가 맡고 있는 대사헌의 임무를 뜻한다.

92) 『인재집(寅齋集)』 1권, 「대사헌의 직을 체임해 줄 것을 청하는 상소(乞遞大司憲疏)」

93) 이후 신개는 무혐의로 결론이 났고 그제야 직무에 복귀했다.

94) 『세종실록』 14년 7월 4일

22. 신개, 대사헌 사직상소

이와 같은 신개의 태도는 다른 사안들에서도 유감없이 발휘되었다. 1398년(태조 7년) 태조가 고려 공민왕에서 공양왕까지의 실록과 자신이 즉위한 이후의 모든 사초를 가져오라고 지시하자, 당시 사관(史官)이었던 신개는 임금이 그런 명령을 내리면 역사를 사실대로 기록해야 하는 사관이 제 임무를 수행할 수 없다며 강하게 맞섰다.

옛날 당나라 태종이 방현령[95]에게 '앞 시대의 사관이 기록한 것을 군주가 보지 못하게 하는 것은 어째서인가?'라고 물으니, 방현령은 '사관은 허위로 미화하지 않고 악을 숨기지 않으니, 군주가 이를 본다면 필시 노하게 될 것이므로 감히 임금께 올리지 않는 것입니다.'라고 답했습니다. …… 삼가 생각하옵건대, 창업한 군주는 자손들의 모범이 됩니다. 전하께서 당대의 역사를 살펴보시게 되면 뒤를 잇는 임금들은 반드시 이를 구실로 삼아 "선고(先考, 돌아가신 아버지)께서 하신 일이요 우리 태조께서 하신 일"이라면서 이어가고 습관화하여 실록을 보는 것을 일상적인 일로 만들어버릴 것입니다. 그리되면 역사를 기록하는 신하로서 누가 감히 직필(直筆)할 수 있겠나이까. 역사에 직필이 없어져서 아름다운 일과 나쁜 일을 보여주어 권장하고 경계하는 뜻이 어두워지게 된다면, 군주와 신하는 무엇을 꺼리고 두려워하여 자신을 수양하고 반성하겠나이까? …… 또한, 전하께서 이를 한 번 보시고 난다면 후세 사람들은 장차 "그때 임금

---

95) 중국 당태종 때의 명재상

께서 친히 기록을 열람하셨으니 사관이 어찌 감히 사실대로 적었겠는가?"라 말하고야 말 것이니 전하의 성스러운 덕과 큰 업적이 도리어 거짓된 글로 여겨져 신뢰를 얻지 못할까 두렵습니다.[96]

신개에 따르면, 임금이 실록을 보면 안 되는 이유는 크게 세 가지다. 첫째, 기록자인 사관이 임금을 의식하게 된다. 최고 권력자이자 생살여탈권을 지닌 임금이 기록을 보는 이상 철저하게 객관적인 기록을 남기기란 매우 어려운 일이 된다. 여차하면 목숨을 잃을 수도 있는 상황에서 임금에게 비판적이거나 불리한 내용을 기록하기가 쉽지 않을 테니 말이다. 둘째, 임금이 한번 실록을 보게 되면 그것이 하나의 관행이 되어 후대 왕들이 답습하게 되며, 임금이 역사기록에 개입할 소지를 열어놓게 된다. 그리고 그로 인해서 후대 사람들은 실록의 신뢰성에 의문을 갖게 되는 것이다. 이것이 셋째 이유이다.

이처럼 역사기록의 객관성과 투명성을 확보하고자 한 신개의 노력은 앞의 피험과 마찬가지로 공정하고 도덕적인 정치를 구현하기 위해서라고 할 수 있다. 철저할 정도로 객관성을 준수함으로써 정치가 왜곡되고 변질될 소지를 사전에 차단하고자 한 것이다.

---

96) 『태조실록』 7년 6월 12일

22. 신개, 대사헌 사직상소

23

이조판서 직의 합리적인 운용 방안을 제시한 조선 전기 명문장가

강희맹, 이조판서 사직상소

강희맹(姜希孟) / 1424년(세종 6년)~1483년(성종 14년)

본관은 진주(晉州), 호는 사숙재(私淑齋)이다. 세종이 이모부이고 세조와는 이종사촌 간으로 대대로 왕들의 총애를 받았다. 서거정과 더불어 조선 전기를 대표하는 문장가로 꼽히며 『경국대전』『동국여지승람』 등 국가적인 편찬사업을 주도했다. 세 차례에 걸쳐 공신에 책봉되었으며 그림과 서예에도 뛰어났다.

#강희맹 #사숙재 #문장가

1466년(세조 12년) 5월 8일, 세조는 2품 이하의 신하들을 대상으로 '발영시(拔英試)'라는 특별과거시험을 시행하여 합격한 34명을 포상하고 승진시켰다. 어질고 능력 있는 신하들의 사기를 북돋아 주겠다는 명분이었다. 그런데 세조는 바로 다음 날 같은 시험을 또다시 시행하라고 명령한다. 강희맹이 발영시에 참여하지 못한 것을 무척 아쉬워한다는 말을 듣고서였다.[97]

이처럼 세조의 각별한 총애를 받았던 사숙재 강희맹은 서거정과 더불어 조선 전기를 대표하는 문장가로 손꼽힌다. 그의 문장 실력은 중국의 대가 사마천과 구양수에 비견될 정도였다.[98] 그는 시·서·화 삼절(三絶)[99]로 불렸던 형 강희안과 함께 문화예술 분야에 큰 발자국을 남겼는데, 중앙정계에서의 위상 또한 만만치 않았다. 세종의 조카이자 세조의 이종사촌 동생이었기 때문이다. 훗날 성종이 세자를 강희맹의 집으로 피병(避病)[100]시킨 것도 그가 왕실의 인척이어서였다.

그런데 강희맹은 신하로서 강직한 면모를 보여주지는 못했던 것같다. 그는 "공손하고 근엄하며 신중하고 치밀"했지만 "평생 임금의 뜻에 영합하여 은총을 희구하였다."라는 평가를 받는다.[101] 외척으로서 임금의 깊은 신임을 받았던 만큼 정치가 올바르게 펼쳐질 수 있

---

97) 『세조실록』 12년 5월 9일

98) 『해동잡록(海東雜錄)』

99) 세 가지 영역에 모두 뛰어난 능력을 발휘하는 사람

100) 병을 피해 거처를 옮기는 것

101) 『성종실록』 14년 2월 18일

23. 강희맹, 이조판서 사직상소

도록 적극적으로 나섰다면 좋았겠지만, 그저 임금의 의중을 헤아리고 임금의 지시를 실현하는 데에만 충실했다는 것이다. 다만 그는 권력을 전횡하거나 부정을 저지른 일이 없었고, 항상 겸손하고 조심스럽게 관직 생활에 임했기 때문에 자신의 명성을 보전할 수 있었다. 이번 장에서 소개하는 상소 또한 이러한 강희맹의 태도가 여실히 드러나 있다. 성종 9년 강희맹은 "소신은 세조대왕의 외척 신하로서 여러 번 전형(銓衡)[102]을 맡은 바 있으나 이 일을 감당하기엔 한 치의 장점도 없나이다."라며 이조판서를 사직했다.[103] 외척이었기 때문에 임금들이 믿고 요직인 인사업무를 맡겨왔지만 자신의 능력은 이를 감당하기에 부족하다는 것이다.

생각건대, 예부터 전형의 임무는 어려운 것이었습니다. 어리석은 자가 지혜로운 자처럼 보이고, 간사한 자가 정직한 자처럼 보이며, 속은 돌과 같으면서도 겉은 옥(玉)으로 보이고, 양의 바탕에 호랑이의 가죽을 쓰는 등 만 가지로 서로 같지가 않습니다. 그리하여 제왕은 스스로 전형을 맡지 않고 반드시 담당 직무를 두어 일을 맡겨온 것인데, 이것이 어찌 임금의 지혜가 부족해서였겠습니까? 사람을 고루 안다는 것이 진실로 어렵기 때문입니다.

---

102) 인재를 저울질하여 골라 뽑는다는 뜻으로, 여기서는 인사 업무를 담당하는 부처인 이조와 병조의 관직을 가리킨다.

103) 이하 인용문은 모두 『성종실록』 9년 3월 18일의 기사가 출처임

무릇 인재란 그냥 본다고 알 수 있는 것이 아니다. 겉으로 드러난 모습에 속지 않고 그 사람의 내면과 실상을 제대로 파악하려면 세밀한 검증이 필요하다. 더욱이 국가를 운영하기 위해서는 수백 수천 명의 인재가 필요하므로 이를 전담할 부서인 '전조(銓曹, 이조와 병조)'와 담당자인 '전관'을 따로 두는 것이다.

그런데 전조의 총책임자로서 문관(文官)을 담당하는 이조판서와 무관(武官)을 담당하는 병조판서의 경우 "자기 뜻대로 사람을 좌지우지할 수 있는 큰 권력을 지닌 자리"이다. 이런 중차대한 임무를 맡게 되면 "누구인들 근본을 청명하게 하여 한결같이 원칙을 지키려 하지 않겠느냐"마는 "처음에는 삼가다가 이내 익숙해지고, 익숙해지면 습관이 생겨 모든 하는 일이 점점 처음과 같지 않게 되기 쉬운 법이다." 강희맹 자신도 병조판서를 맡았을 때 "처음에는 단 한 사람을 등용하더라도 반드시 적당한지 않은지를 세 번 생각한 뒤에 주의(注擬)[104]하였으며, 털끝만큼이라도 잘못 주의한다는 나무람이 있을까 두려워"하였지만, "두어 달 뒤부터는 점차 관례에 익숙해져서 명부를 비스듬히 한 번 흘겨보고 주의하였으니, 얼핏 유능한 것처럼 보이나 실상은 일에 익숙해져 마음을 제대로 쓰지 않은 것이었다."라고 말한다. 따라서 인사업무를 책임지는 장관은 "재임 기간을 1년으로 한정하여" 업무의 긴장감을 유지해야 한다는 것이 강희맹의 생각이다.

---

104) 최종 후보자 3인을 결정하여 임금에게 아뢰는 것

23. 강희맹, 이조판서 사직상소

아울러 강희맹은 "신은 그저 서류에 의지하여 성적을 살폈고, 재직 연수에 따라 승진의 차례를 정했을 뿐 마음속으로 어진 이를 알고 있어도 햇수[105]가 충족되지 않았으면 이내 손을 내저으며 포기하였고, 용렬함을 알고 있어도 임기가 만료되었으면 전례에 따라 승진시켜 관직을 제수하였습니다. 이 어찌 사람을 전형하여 올바로 쓴 것이겠나이까?"라고 고백한다. 이는 일차적으로 자신의 부족함 때문이지만 인사와 관련된 "법률과 규정이 그와 같아서 변통할 방법이 없었으니, 혹시라도 변통한다면 사사로움을 행한 것이 되어 나아갈 수도 물러날 수도 없어 도대체 어찌해야 할지 알 수 없었던" 탓도 있다. 어질고 훌륭한 인재가 있어서 전격적으로 발탁하고 승진시키고 싶어도 법에 저촉되는 데다 인사권을 사사로이 휘두른다는 비판을 받는다는 것이다. 반대로 무능하고 문제가 있는 사람일지라도 일정 기간을 채우면 승진시켜야 하는 것이 규정이어서 불필요한 인력을 도태시키거나 솎아낼 방법이 없다는 것이다.

물론 채용과 승진의 자격 요건을 객관적으로 정해놓는 것은 인사의 투명성과 안정성을 확보하는 데 필요한 일이다. 권력자의 사사로운 인사개입을 방지하는 효과도 있다. 그러나 그것이 폐쇄적이고 수동적인 규정으로 고착된다면 인재의 진입을 가로막고 조직을 정체시키는 원인으로 작동한다. 환부를 도려내고 새로운 피를 수혈하는 일이 불가능해지기 때문이다. 중요한 임무를 맡기에 최적임자이지

---

105) 승진 소요 최저 연수

만 과거시험을 보지 않았고 관직 생활을 한 적이 없다는 이유로 기부되거나 말단 관직만 주어져 결국 사장되어버리는 경우를 우리는 역사 속에서 쉽게 찾아볼 수 있다. 강희맹이 상소에서 인사 법례(法例)의 변통을 요청한 것은 바로 그래서이다. 강희맹은 인사책임자인 이조판서나 병조판서가 때에 따라 관행과 틀에서 벗어난 파격적인 인사도 단행할 수 있어야 한다고 본다. 그 과정이 사사로이 운용되지 않도록 엄격히 관리하면 되는 것이지 그 자체를 막아서는 안 된다는 것이다. 인사에서 중요한 것은 승진을 위한 연수를 채웠느냐가 아니라 과연 승진할 만한 자격이 되는가, 그 자리를 충분히 감당할 만한 능력이 되는가이기 때문이다.

이상 강희맹은 이조판서를 사직하며, 자신의 경험을 토대로 이조판서 직(職)의 향후 운용 방안에 대한 의견을 제시하고 있다. 임기를 1년으로 제한하는 문제는 업무 연속성 등에서 이견이 있겠지만 타성에 빠지지 않고 해당 업무에 집중하도록 하자는 취지는 기억할 필요가 있을 것이다. 인사의 능동성을 도모하는 것도 중요하다. 강희맹은 이조판서에게 자율권을 부여함으로써 인사의 안정과 혁신을 동시에 추구하도록 해야 한다고 본다. 법례에 얽매이느라 인재를 놓치는 일이 없도록 막자는 것이다. 오늘날에도 명심해야 할 지적이 아닐 수 없다.

24

임금이 아닌 나라와 백성에 충성한 경세가

신기선, 군무국 총장 사직상소

신기선(申箕善) / 1851년(철종 2년)~1909년(순종 2년)

본관은 평산, 호는 양원(陽園)이다. 갑신정변으로 출범한 개화당 내각에 참여했다가 정변
실패 후 유배형에 처해졌다. 군부대신, 법부대신을 역임하였으며 단발령 시행과 태양력
사용에 반대하는 등 보수적인 노선을 견지하여 독립협회로부터 탄핵을 받았다. 일본의
이권침탈에 대항하기 위해 설립된 보안회의 회장으로서 항일운동을 전개한 바 있다.

#신기선 #양원 #갑신정변 #보안회 #대동학회

오늘날 정치의 갖은 폐단과 백성들이 겪고 있는 도탄을 폐하께서도 모르지 않으실 것입니다. 알면서도 바로잡지 못하시는 것뿐입니다. 폐하께서 즉위한 뒤 지난 40여 년 동안 말을 달리며 사냥놀이를 즐긴 적이 없고 오로지 거룩하고 어진 덕을 베풀었건만, 정사는 뜻대로 되지 않아 이미 여러 차례 변고를 겪으셨습니다. 나라는 점점 쇠약해져 벼랑 끝에 선 듯 위태로운 지경입니다. 대체 무슨 까닭이겠습니까?[106]

1904년(고종 41년) 3월 1일, 대한제국군 최고통수기관인 원수부(元帥府)의 군무국(軍務局) 총장(總長)[107] 신기선은 며칠 전 체결된 한일의정서(韓日議定書, 1904년 2월 23일)[108]를 막지 못한 책임을 통감한다며 사직상소를 올렸다. 그러면서 고종의 정치를 정면으로 비판했다.

폐하께서는 이치를 분명히 밝히지 못하고 계십니다. 그러니 번번이 사사로운 뜻에 가려지는 것이고 알면서도 행하지 못하시는 것입니다. 폐하께서는 선정을 베풀어야 한다는 것을 알면서도 베풀지 못했고, 그릇된 정사를 제거해야 한다는 것을 알면서도 제거하지 못했으며, 백성의 곤궁함을 알면서도 구휼하지 못했고, 신하의 간사함을

---

106) 이하 인용문은 모두 『고종실록』 41년 3월 1일의 기사가 출처임

107) 군무국 업무를 총괄하는 차관급(참판급) 직제

108) 일본이 대한제국의 안전을 지켜준다는 미명 아래 각종 이권 및 한반도 전역에 대한 전략적 사용권을 보장받은 조약

알면서도 배척하지 못하셨습니다. 이것이 이른바 선한 것을 옳게 여기고 악한 것을 미워하면서도 곽공(郭公)이 망했던 까닭입니다.

여기서 '곽공이 망했던 까닭'이라는 것은 『관자(管子)』[109]에서 유래한 것으로, 춘추시대의 패자(霸者) 제환공(齊桓公)[110]이 곽나라를 방문했을 때의 일화를 가리킨다. 환공이 그곳 노인에게 "곽나라는 어찌하여 망하게 되었는가?"라고 묻자, 노인은 "곽나라의 군주가 선한 것을 옳게 여기고 악한 것을 미워했기 때문입니다."라고 답한다. 그러자 의아해진 환공이 다시 물었다. "만일 그대의 말과 같다면, 곽나라 군주는 현명한 사람일진대 어찌하여 망했다는 말인가?" 노인이 대답했다. "그렇지 않습니다. 곽나라 군주는 선을 옳게 여겼지만 그 선을 쓰지 않았습니다. 악을 미워했지만 그 악을 없애지 못하였습니다. 이것이 바로 망하게 된 이유입니다." 좋은 점을 알면서도 활용하지 못했고 잘못을 알면서도 고치지 않은 것, 즉 머리로만 알고 실천으로는 옮기지 않은 점이 망국을 초래했다는 것이다. 신기선은 고종의 태도가 바로 이와 같으며, 이는 결국 일의 이치를 분명히 알지 못해서라고 진단한다. 이 일을 왜 해야 하는지, 이 일이 어떤 의미가 있는지에 대해 깊이 생각하지 않으니 중심을 잡지 못하고 우유부단하다는 것이다.

---

109) 관포지교(管鮑之交)의 주인공으로 유명한 중국 고대의 정치가 관중(管仲)의 사상이 기록되어 있는 책이다. 관자가 직접 지었다고 하지만 후대에 만들어졌다는 것이 정설이다.
110) 관중이 모셨던 임금으로 춘추시대에 첫번째로 패업을 이룬 제나라의 군주이다.

신기선은 "지금 이 나라는 이웃 나라의 군사들로 들끓고 외국인들이 강성한 힘으로 주인을 짓누르고 있습니다. 협약이 체결되어 나라의 권한은 남에게 넘어갔습니다. 500년 동안 내려온 종묘사직과 3,000리 강토가 장차 어떻게 될지 알 수 없습니다."라고 탄식하면서도 "아직 나라가 망하지 않았고 백성들도 임금을 저버리지 않았으니 조속히 정치를 바로 세우고 국가의 기강과 제도를 확립해야 한다."라고 말한다. 그러면서 특히 다음 세 가지에 주력해야 한다고 강조했다.

우선 첫째는, '옛것을 거울로 삼는 일'이다. 신기선은 역사의 흥망성쇠를 차례로 거론하며 "지나간 역사를 두루 고찰해보건대, 공적인 도리를 시행하고 정치의 원칙을 바로 세웠는데도 나라가 흥하지 않은 경우는 없었습니다. 사사로운 욕망에 빠져 백성들로부터 거둬들이는 일에만 애썼는데도 나라가 망하지 않는 경우는 없었습니다. 임금이 자질구레한 일까지 직접 하고 멋대로 벼슬을 내리고서 나라를 잘 다스린 경우는 없었고, 무당을 신임하고 기도(祈禱)에 의지하고서 혼란을 바로잡은 경우도 없었습니다."라고 말한다. 그러면서 "한 사람이 천하를 다스리지만 천하를 가지고 한 사람을 섬기지 말라는 옛 가르침을 명심"하라고 당부했다. 임금은 지고무상의 자리로 온 나라와 백성들을 다스리지만 그렇다고 천하로부터 떠받듦을 받으려 해서는 안 된다. 임금은 만물을 위해 존재하지만 만물이 임금을 위해 존재하는 것은 아니라는 말이다. 임금의 헌신과 의무를 중시하고 있다.

다음으로 신기선은 '실속에 힘써야 한다.'라고 진언했다. 그가 보기에, 당시 "옛것을 고수해야 한다는 자들[111]은 오직 형식에 빠져 있을 뿐이고 개화를 주장하는 자들도 겉치레만 하고 있을 따름"이었다. 나라를 위해 계책을 세운다면서도 "빈말 빈 형식을 차리느라" "옳게 처리하는 일이 한 가지도 없었다." 이에 신기선은 "실심(實心)으로 실사(實事)를 행함으로써 실효를 거두어야 한다."라며 "한 가지 정사를 하거나 한 가지 명령을 수행하더라도 반드시 돌이켜 생각해서 이 일이 과연 나라에 이득이 되겠는가, 백성들에게 도움이 되겠는가를 면밀히 따져야 한다."라고 주장했다. 문물과 제도의 "한 글자 한 글자, 한 마디 한 마디까지도 모두 반드시 실속이 있는 것인가를 따져야 하며, 무익하고 번거로운 형식을 제거하여 유용하고 실천적인 일만 채택해야 한다."라는 것이다.

마지막으로 신기선이 제시한 것은 '소인배를 축출하고 군자를 등용'하는 인적쇄신이다. 그는 율곡 이이가 『성학집요』에서 말한 "임금을 사랑하는 사람은 군자이고 벼슬과 녹봉을 사랑하는 사람은 소인이다."라는 대목을 인용하며 다음과 같이 말한다.

대개 소인은 벼슬과 녹봉에만 마음을 쓰기 때문에 자신에게 이롭다면 다른 것은 돌보지 않습니다. 임금을 속이고 나라를 해치는 일도 아랑곳하지 않습니다. 그 때문에 벼슬과 녹봉을 주는 권한이 임금

---

111) 보수적인 유학자들로 소위 위정척사파(衛正斥邪派)를 가리킴

에게 있으면 임금에게 아첨하고 권력 있는 신하에게 있으면 권력 있는 신하에게 빌붙고 외척에게 있으면 외척과 결탁하니, 심지어 적국과도 몰래 내통해서 제 임금을 물어뜯기까지 하는 등 못하는 짓이 없습니다.

신기선은 또 이렇게 말한다.

군자는 종묘와 사직을 위해 마음을 쓰고 백성을 위해 마음을 쓰기 때문에 임금을 바르게 할 수 있다면 다른 무엇에도 연연해 하지 않습니다. 직무를 다하는 것이 의리라면 임금의 명령이라도 따르지 않고 바른말을 다하는 것이 의리라면 임금의 위엄에도 굴하지 않는 것입니다.

소인은 자신에게 권력과 부귀를 줄 수 있는 사람에게 충성을 바치는 자들로, 이를 충족해주지 못할 경우 임금이라도 언제든 배반해버린다. 하지만 군자는 종묘사직과 백성에 충성하는 사람들로, 이를 위해서는 임금의 귀에 거슬리는 말을 하고 임금의 뜻을 거역하는 것도 주저하지 않는다. 이러한 행태를 기준으로 소인과 군자를 구별하며 인사를 하라는 것이다.

요컨대, 신기선의 논의에 따르면 나라의 운명을 뒤바꿀 신묘한 방책이란 애당초 존재하지 않는다. 좋은 인재들이 역사로부터 교훈을 얻으며 국가와 백성을 위한 실질적인 정책을 시행해가는 것, 지극히 당연한 이 명제야말로 국가를 부흥하게 할 최고의 약이라는 것이다. 그렇지 않고 "여전히 잘못된 전철을 밟으면서 경계할 줄 모르고, 겉치레를 없애지 않은 채 실속 없는 짓을 일삼으며, 어진 이와 간사한 자를 분별하지 않아 사도(邪道)가 정도(正道)를 이기게 한다면 위태로운 나라의 운명은 며칠을 못 가 끊어질 것"이다. 다름 아닌 조선이 그랬던 것처럼.

25

일본의 침탈에 맞서 조선의 자존심을 지키고자 했던 항일애국지사

이남규, 영흥부사 사직상소

이남규(李南珪) / 1855년(철종 6년)~1907년(고종 44년)

본관은 한산, 호는 수당(修堂)이다. 일본의 침략책동에 대비할 것을 주장하고 명성황후 시해를 강력히 규탄하는 등 관직 생활 내내 일본에 대항하였다. 조정에서 물러난 뒤에도 항일운동의 구심점이 된다. 아들과 함께 일본군에 피살되어 순국했으며, 1962년 대한민국 건국훈장이 추서되었다.

#이남규 #수당 #항일 #청토적소 #의병 #건국훈장

조선왕조에 황혼이 깃들던 1907년. 헤이그밀사사건을 빌미로 고종 황제를 강제 퇴위시킨 일본은 조선을 병탄하기 위한 사전 조치로서 '정미 7조약(丁未七條約)'을 강행, 대한제국의 군대마저 해산시킨다. 그리고 각 지방의 항일 의병들을 무자비하게 진압했다. 이 과정에서 의병장 민종식을 숨겨주는 등 충청도 의병의 정신적 지주였던 수당 이남규도 제거 대상에 오른다. 9월 26일 밤, 100여 기의 일본군이 그가 은거하고 있던 충청남도 예산군 평원정(平遠亭)에 들이닥친 것이다.

기록에 따르면, 일본군이 그를 포박하려 하자 이남규는 "선비는 죽일지언정 욕보일 수 없다."라며 준엄하게 꾸짖었다고 한다. 당당히 따라나선 그를 두고 일본군은 계속 회유했지만 그는 단호했다. "죽이려면 죽일 것이지 무슨 말이 많은가?" 그 순간, 수많은 칼날이 그를 향해 쏟아졌다. 아들과 노복이 놀라 막아섰지만 속절없이 함께 쓰러졌을 따름이다.[112] 훗날 대한민국 건국훈장을 추서 받기도 한 항일애국지사 이남규는 그렇게 순국했다.

조선의 명문가 한산 이씨 가문에서 태어나 기호 남인(畿湖南人)[113]의 학맥을 이은 이남규는 관직 생활 내내 일본의 침략 야욕에 맞선 인물이다. 1894년 동학농민전쟁 당시 일본이 한양 안에 군대를 주둔시키자, 그는 이를 강하게 비판했다.

---

112) 『수당집(修堂集)』, 「부록(附錄)」, 〈묘갈명(墓碣銘)〉

113) 조선 시대 붕당 중 남인은 크게 영남(嶺南, 경상도)을 근거지로 하는 남인과 기호(畿湖, 경기도와 황해도, 충청도)를 기반으로 하는 남인으로 분류된다. 퇴계 이황의 제자인 정구(鄭球)를 필두로 허목 등이 기호남인의 시작이 된다.

지금 일본에서 도성 안으로 군사를 들여왔는데, 외무부의 신하가 힘써 막았으나 듣지 않았다고 합니다. …… 신은 아무래도 여기에 불순한 의도가 깔렸을 뿐 아니라 우리를 아주 우습게 여긴다는 생각이 듭니다. 우리나라가 비록 작기는 하지만 천 리의 강토를 가지고 있습니다. 어찌 저들을 두려워하여 고개를 숙이고 잔뜩 움츠러든단 말입니까? 어찌 저들이 하는 대로 내버려 둔 채 뭐라고 한마디도 못한단 말입니까? 외무부에서 이치와 의리를 가지고 따져 저들을 물러가게 하소서. 만약 이치와 신의, 성실로써 대했는데도 저들이 움직이지 않는다면 그것은 적이지 이웃이 아닙니다. 적을 이웃으로 삼아 속으로 의심하면서도 겉으로만 괜찮은 척한다면, 그러고도 끝내 무사한 경우는 있었던 적이 없습니다.[114]

일본이 무단으로 군대를 들여와 주둔시키는 것은 조선의 주권과 안보를 크게 침해하는 행위이므로 공식적으로 항의하고 철군을 요구해야 한다는 것이다. 만약 일본이 따르지 않는다면 그것은 적국(敵國)이나 다름없는 것으로, 이남규는 이를 버려둘 경우 국가에 큰 화가 닥칠 수 있다고 우려했다. 실제로 이로부터 얼마 지나지 않은 1894년 6월 21일, 일본군 소장 오오시마 요시마사[115]는 경복궁을 무력으로 점령하고 친일정권을 출범시킨다. 이에 대해 이남규는 "저

---

114) 『수당집』 2권, 「비적에 대한 일과 왜병의 도성 진입에 대해 논한 상소(論匪擾及倭兵入都疏)」

115) 현 아베 신조 일본 총리의 고조부이다.

들이 맹약을 저버린 죄를 천하에 공포하고 동맹국에게 알리는 동시에, 공식서한을 보내시어 저들 나라의 집정자를 꾸짖음으로써 명분 없는 저들의 군대를 철수시키고 무례를 죄주게 하소서."라고 상소했다.[116] 그는 일본이 사과하고 재발 방지를 약속하지 않는다면 "관항(關港)[117]을 닫고 조약을 폐기하며 각국과 힘을 합쳐 토벌해야 한다."라고 역설하였다. 당시의 국제정세와 조선의 국력을 감안할 때 현실성에는 의문이 있지만, 조정에서 거의 유일하게 단호한 대응을 주문했다는 점에서 의미가 있다.

이처럼 일본의 입장에서는 눈엣가시였을 이남규는 친일정권이 들어서자 영흥부사(永興府使)로 좌천되었다. 그런데 이듬해 일국의 왕비가 일본에 의해 비참히 시해당하는 참변이 일어났고, 일본의 강압을 이기지 못한 고종은 중전을 폐서인하는 교지까지 내렸다.[118] 그러자 이남규는 분개하며 상소를 올린다. 신하로서 나라를 지키지 못한 자신을 면직하고 처벌해달라는 뜻과 함께 "지금 이 나라는 더할 수 없는 변고와 모욕을 당했으니 군신 상하가 떨쳐 일어나 도적을 토멸하고 수치를 갚아야" 한다고 역설했다.

이남규는 "수치를 잊고 모욕을 참으면서 안일을 도모하여 구차하게 이어간다면, 시간이 흐를수록 사람들의 마음이 더욱 침체하여 비록 다시 진작시키려 하여도 가망이 없을 것입니다."라며 고종이

---

116) 『수당집』 2권, 「왜와의 절교를 청원한 상소(請絶倭疏)」
117) 일본과의 무역이 이루어지는 항구와 세관
118) 『고종실록』 32년 8월 22일

"세상에는 끝내 망하지 않는 나라가 없고 끝내 죽지 않는 사람이 없다. 그런데 멸망을 두려워하기 때문에 더욱 멸망을 재촉하니 그 존립이 구차한 것이요, 죽음을 두려워하기 때문에 더욱 그 죽음을 재촉하니 그 삶이 구차한 것이다. 원수가 항아리 옆에 있는 쥐와 같다하여 돌 던지기를 꺼리지 말고, 우리 자신이 엎질러진 둥지의 새알과 같다 하여 지레 패할 것이라 단념하지 말라. 마음과 힘을 합쳐서적들을 무찔러서 국모의 수치를 갚고 종사의 모욕을 씻자."라는 교서를 내려야 한다고 진언했다.[119]

이어 그는 "분통함을 삭이고 아픔을 곱씹고 있는 임금의 마음을 모르는 것은 아니나" "왕후에게 죄를 돌려서 폐서인으로 삼는 것은" 도저히 있을 수 없는 일이라며 고종의 칙령을 따를 수 없다고 거부했다. 지방관은 임금의 명령을 백성들에게 공포해야 할 의무가 있는데, 자신은 도저히 받들 수 없다는 것이다.

(왕후를 폐위한다는) 칙명은 신하 된 자로서는 차마 들을 수 없는 것인데, 하물며 이를 참고 백성들에게 공포하라는 것입니까? 이제 신이 목숨을 바칠 때인 것 같습니다. 이 조칙을 선포하는 것은 정의가 아니니 의리로 보아 신은 죽어야 마땅하며, 이 조칙을 선포하지 않는 것도 어명을 거스르는 것이니 죄로 보아 죽어야 마땅합니다. 어차피 죽어야 한다면 차라리 명을 어기고 벌을 받아 죽을지언정 정의롭지

---

119) 『수당집』 2권, 「왕후의 위호를 회복하고 적을 토벌하여 원수를 갚을 것을 청하는 상소 (請復王后位號討賊復讐疏)」

못한 일을 하여 의리를 배반해 죽을 수는 없습니다.[120]

이남규는 "대저 조정이 수령을 임명하는 이유는 백성들에게 나라의 명령을 알리고 행하기 위해서입니다. 그런데 신과 같은 신하가 있어 명령이 시행되지 않게 하였으니, 참으로 그 죄는 죽음으로도 만분의 일도 속죄하지 못할 것입니다. 하물며 어찌 하루인들 얼굴을 들고 백성을 가까이하는 직책에 머물러 있을 수 있겠습니까."[121]라고 하였다. 임금의 명을 거역하는 것이 큰 죄를 저지르는 일이며 수령으로서 책무를 다하지 않는 것임을 안다. 하지만 아무리 어명이라 할지라도 도리에 어긋난 명령은 따를 수 없으니 차라리 파직하고 죄를 물어달라는 것이다. 윗사람의 명령을 무조건 따르는 것만이 충성이라고 생각하지 않았음을 보여주는 대목이다.

　이상 이남규의 주장은 앞에서도 말했다시피, 비분강개하고 통쾌하지만 현실성이 부족한 것도 사실이다. 그는 일본의 죄상을 국제사회에 호소하고 동맹국과 힘을 합쳐 일본을 토벌하자고 말한다. 그러나 당시 동맹국들이 조선의 편을 들어 군사적 대응에 나설 가능성은 거의 없다시피 했다. 조선이 일본에 대항할 힘을 가지고 있었던 것도 아니었다. 하지만 대부분의 신하가 일본의 위세에 눌려 눈치만 보고, 임금조차도 아무런 항변을 하지 못하던 상황에서 이남규의

---

120) 『수당집』 권 2권, 「영흥에 있을 때 폐후의 칙명을 따를 수 없다는 일로 자신을 탄핵하는 상소(在永興以廢后勅命不奉事自劾疏)」

121) 위와 같음

용기 있는 발언은 조선의 자존심을 지키고 선비정신이 아직 죽지 않았음을 유감없이 보여준 것이었다. 바로 이러한 기개와 불굴의 의지들이 있었기에 36년간의 투쟁을 거쳐 광복의 빛을 밝혀낼 수 있었을 것이다.

26

인재선발을 위해 '과거제도'의 정비를 주장한 조선의 '다빈치'

정약용, 정언·지평 사직상소

정약용(丁若鏞) / 1762년(영조 38년)~1836년(헌종 2년)

500여 권에 이르는 방대한 저술을 남긴 학자로 본관은 나주, 호는 다산(茶山)과 여유당 (與猶堂)이다. 정조의 통치를 보좌하며 조선 사회 전반에 걸친 개혁방안을 고민했다. 정조 의 특별한 총애를 받았지만 정조 사후, 천주교와 관련한 이력으로 인해 탄압을 받았다. 순조와 효명세자가 위독할 때 호출을 받았을 정도로 의술에도 밝았다.
#정약용 #다산 #여유당전서

신이 엎드려 생각건대, 간관(諫官)의 직분은 임금의 잘못을 바로잡고 부족한 점을 보완하여 임금을 허물이 없는 길로 인도하는 데 있습니다. 그러므로 간관을 맡는 사람은 그 풍채와 태도, 말과 논의가 모두 임금을 감동하게 할 수 있을 정도가 되어야 비로소 이 직책을 욕되게 하지 않을 것입니다. 하지만 신은 본래 용렬한 데다 스무 살이 넘은 뒤에는 곧바로 반궁(泮宮, 성균관)에서 지내며 전하의 가르침을 받고 전하의 책려(策勵)[122]를 입었습니다. 그를 기반으로 과거에 급제하고 또 각과(閣課)[123]에 참예하였습니다. 그리하여 신은 두려워하고 조심하여 오직 성인[124]의 뜻을 저버릴까 봐 걱정하고 있습니다. 이러고서 신이 어찌 정색하고 얼굴을 들어 잘못을 바로잡고 부족한 점을 보충하여 전하를 허물이 없는 곳으로 인도할 수 있겠습니까.[125]

1791년(정조 15년), 사간원 정언과 사헌부 지평(持平)에 차례로 제수되었던 다산 정약용은 임명되자마자 곧바로 사직상소를 올렸다. 자신은 성균관 시절부터 규장각 생활에 이르기까지 정조의 가르침과 격려 속에서 성장해왔고, 지금도 스승이나 다름없는 정조의 기대에 부응하고자 애쓰고 있으므로 강하게 간언하고 때로는 임금을 신랄하

---

122) 채찍질하듯 엄격하게 격려하는 것
123) 규장각 문신들이 달마다 치르는 시험으로, 규장각의 일원이 되었다는 뜻이다.
124) 정조를 가리킴
125) 이하 인용문은 모두 『다산시문집(茶山詩文集)』 9권, 「정언을 사직하며 더불어 과거의 폐단을 진언하는 상소(辭正言兼陳科弊疏)」와 「지평을 사직하며 더불어 과거의 폐단을 진언하는 상소(辭持平兼陳科弊疏)」가 출처임

게 비판해야 하는 간관의 자리에는 어울리지 않다는 것이다. 그가 임금의 총애를 받는 것에 대해 다른 신하들의 견제가 심했고, 이것이 정조에게 부담으로 작용하는 것을 원치 않았던 이유도 있었다.

그런데 정약용은 사직 의사를 밝히면서 과거제도(科擧制度)의 개선 방안을 함께 상소에 담아 올렸다.

> **신이 비록 임무에서 교체되기를 바라오나 단 하루라도 간관을 맡은 이상 어찌 책임이 없겠습니까. 생각건대, 과거로 인한 폐단이 날로 불어나고 달로 성행하고 있지만 그저 임시방편으로 땜질하다 보니 치료할 수 없는 지경에 이르고 있습니다.**

임명되자마자 사의를 표명하긴 했지만 사직서가 수리되기 전까지는 해당 임무를 수행해야 한다. 따라서 국정의 잘잘못을 논평해야 하는 간관으로서 당시 최대 이슈였던 과거제도 개선에 대한 의견을 진언하겠다는 것이다.

정약용에 따르면, 과거시험이라는 단일 루트로만 이루어진 조선의 관리 선발시스템은 근본적인 한계를 가지고 있다.

> **우리나라에는 과거만 있고 천거하는 제도는 없습니다. 과거란 사람의 기능을 분별하여 등급을 매기는 것이며, 천거란 사람의 재능을 천거하여 발탁하도록 하는 것입니다. 지금 우리의 법은 사람이 스스로 과거에 응시할 뿐 누가 천거함이 있습니까?**

정약용은 '과거'와 '천거'를 병행할 것을 주장하는데, 이는 세 가지 이유에서이다. 우선, 인재를 선발하여 이들을 적재적소에 배치하기 위해서는 객관적이고 투명한 선발평가와 함께 다양한 각도에서 인재의 자질과 잠재력을 살펴 적임에 천거하는 방식이 필요하다. 다음으로, 과거시험은 응시자의 자발적인 참여를 전제로 이루어지는 것이다. 따라서 자의든 타의든 과거에 응시하지 않는 인재는 사장되어 버린다. 천거는 이들을 발굴 혹은 구제하기 위한 방법이다. 끝으로, 과거시험은 사람들에게 '시험합격을 위한 공부'에만 매달리게 하는 부작용을 낳고 있다. 그러므로 학문과 덕행에 뛰어난 인재를 '천거' 하는 제도를 도입함으로써 선비들이 학문 도야와 자기 수양에 힘쓰도록 권장해야 한다는 것이다. 중종 때 조광조가 '현량과(賢良科)'[126] 도입을 주장했던 것도 그 때문이다.

아울러, 정약용은 과거 시험 자체도 정비해야 한다고 생각했다. 조선 후기에 이르러서 과거는 응시자 수가 폭발적으로 증가하여 합격 정원의 수백 배에 이르렀다. 정조 18년 2월 21일에 시행된 '삼일제(三日製)'[127]에 관한 실록 기사를 보면 "창덕궁 인정전 앞에서 삼일제를 거행하였는데, 문 안에 들어온 유생의 숫자가 2만 3,900여 명으로 뜰에 전부 수용할 수 없었다."라고 되어 있을 정도였다. 상황이 이런

---

126) 중국 한(漢)나라에서 시행한 '현량방정과(賢良方正科)'를 모델로 한 것으로, 추천에 의해 덕행(德行)과 학문이 뛰어난 인재를 선발하여 관리로 등용하는 제도이다.

127) 매년 삼월삼짇날을 맞아 시행하는 시험으로 수석은 곧바로 최종단계시험인 전시(殿試)를 볼 수 있었고, 상위 합격자들은 2차 시험인 회시(會試)에 응시할 수 있었다.

데도 시험장은 한정되어 있었으므로 응시자에 대한 통제력을 상실했고, 당일에 합격자를 발표하는 구조상 답안지 전체에 대한 세심한 채점도 불가능했다. 이로 인해 선착순 300명의 답안지만 평가대상으로 삼는 일까지 벌어졌다. 답안지를 제출하기 좋은 위치의 자리를 선점하는 사람인 '선접꾼', 답안지 내용을 구상하는 사람인 '거벽(巨擘)', 답안을 작성하는 사람인 '사수(寫手)'라는 용어도 그래서 나왔다.

이에 정약용은 응시인원을 대폭 줄임으로써 과거 시험장에 대한 국가의 통제력을 강화하여 편법과 부정을 해소해야 한다고 강조했다. 이를 위해 각 고을에서 수령이 응시자들을 먼저 걸러내게 하자고 주장한다. 일종의 응시 자격시험을 신설하자는 것인데, 객관성 확보방안 등 세부적인 내용을 제시하지는 않았으므로 적절한지를 판단하기는 어렵다. 또한, 정약용은 '병(丙)' 자가 들어가는 해에 열리는 시험인 '병별시(丙別試)', 임금이 문묘를 참배한 후 성균관에서 열었던 비정기 시험인 '알성과(謁聖科)', 주요 명절에 실시한 시험인 '절일제(節日製)', 제주도에서 진상한 황감을 유생들에게 내리면서 실시하는 시험인 '황감제(黃柑製)' 등 소소한 과거를 모두 폐지하고 3년에 한 번씩 열리는 정규 과거시험으로만 사람을 뽑되 점차 그 정원을 증가해야 한다고 하였다. 특히, 나라에 경사스러운 일이 있을 때 여는 '경과(慶科)'는 전혀 근거가 없는 제도이므로 반드시 없애야 한다는 것이 그의 생각이었다.

흔히 과거가 한번 열리면 전국의 수만~수십만 응시자들은 시간과 돈을 쓰며 한양으로 상경해야 한다. 응시인원 대비 합격자 수도 매우 적다. 이런 시험이 불규칙적으로 운영될 경우 낭비되는 국가적인 비용은 천문학적인 수준에 이를 수밖에 없다. 따라서 정규 시험만 남기고 여타의 시험은 폐지함으로써 과거제도를 예측할 수 있게 운영하자는 것이다. 대신, 합격자 수를 그만큼 늘린다면 응시자들은 보다 안정적으로 시험 준비를 할 수 있다는 것이 정약용의 판단이다.

이밖에도 정약용은 소과와 대과(大科)를 통합하자고 주장했다. 조선의 과거제도는 초시 급제자들에게 '소과'를 실시하고 그 합격자 200명(진사 100명, 생원 100명)에게 '대과' 응시 자격을 부여하여 다시 33명을 선발한다. 이를 하나로 만들어 "250명을 뽑아 50명을 급제로 삼고 나머지 200명은 진사(進士)로 삼는다면 법이 분명하고 일이 간편하기가 이보다 나은 것이 없다."라는 것이다. 정약용은 두 시험을 통폐합하더라도 합격자의 질을 유지할 수 있도록 구체적인 평가 방법과 규정을 제안하며 자신의 주장을 보충했다.

이상 정약용의 주장은 인재선발제도의 다양성과 투명성을 확보하는 데 초점이 맞춰져 있다. 정약용은 등급을 판정하여 합격, 불합격을 결정하는 과거제도만으로는 인재를 빠짐없이 찾아내어 적재적소에 배치하기 어렵다고 보았다. 더욱이 과거제도는 반드시 안정적으로 운영하고 공정성과 객관성을 담보해야 본래의 취지를 달성할 수 있으며, 사회 전반에서 낭비되고 있는 에너지를 줄일 수 있다. 이와 같은 정약용의 문제의식은 오늘날 '공무원시험 열풍', '취업 고시'에 휩쓸려 있는 대한민국도 눈여겨 보아야 할 부분이 아닐 수 없다.

27

국가 질서를 바로잡기 위해 외척과 대결한 용기 있는 정치가

이준경, 영의정 사직상소

이준경(李浚慶) / 1499년(연산군 5년)~1572년(선조 5년)

본관은 광주(廣州), 호는 동고(東皐)이다. 1504년 연산군이 일으킨 갑자사화(甲子士禍) 때 할아버지와 아버지가 죽임을 당하고 본인도 6세의 어린 나이로 유배되었다. 을묘왜변(乙卯倭變)을 진압하였으며, 영의정으로서 명종이 죽고 선조가 즉위하기까지의 권력공백기를 효과적으로 관리하였다. 붕당의 폐해를 경고한 유언을 남긴 바 있다.

#이준경 #동고 #을묘왜변 #붕당

다음은 어떤 인물에 대한 소개이다. 이 사람은 누구일까? 명종 후반기부터 선조 즉위 초기에 걸쳐 영의정을 지낸 그는 방계승통(傍系承統)[128]의 혼란을 극복하고 소위 '사림정치의 시대'를 연 주역으로 평가받는다. 을묘왜변을 평정하고 청백리로 이름을 날렸으며 붕당의 폐해를 예언하는 유언을 남기기도 했다. 또한 심학(心學)과 예학에 조예가 깊었고, 조식의 죽마고우이자 서경덕·이황과 같은 대학자들의 절친한 친구였으며, 이원익·이항복·이덕형 등 뛰어난 재상들을 발탁해 키워냈다. 조정뿐 아니라 지식인 사회에 끼친 영향력이 매우 컸음을 짐작할 수 있다. 이처럼 학문과 정치력을 겸비한 인물. 동고 이준경의 이야기다.

이준경은 훗날 신하로서 최고의 자리에까지 오르지만 유년시절은 매우 험난했다. 1504년(연산군 10년)에 일어난 갑자사화[129]로 할아버지와 아버지가 사사되면서 집안은 풍비박산이 났다. 그도 6세의 어린 나이에 형인 이윤경과 함께 충청도 괴산 땅으로 유배를 가야 했다. 벼슬살이를 시작한 후에도 시련은 계속되었는데, 1545년(명종 즉위년)의 을사사화(乙巳士禍)[130]로 사촌형과 육촌형, 아끼던 조카를 잃었

---

128) 직계가 아닌 방계가 왕위를 이었다는 뜻으로, 선조는 조선왕조에서 방계가 임금이 된 첫 사례이다. 임금의 직계자손이 아닌 방계혈족이 왕위를 계승하게 되면 왕권의 정통성을 둘러싼 논란이 일어나기 쉽다.

129) 연산군이 자기 생모인 윤씨의 폐위, 죽음과 관련된 사람들을 숙청한 사건이다. 여기에 연산군의 측근인 임사홍 등이 선비들을 대거 이 일에 얽어맴으로써 '사화(士禍)'가 벌어졌다.

130) 명종의 외숙인 윤원형 일파가 인종의 외숙인 윤임 일파를 제거하면서 많은 선비를 연좌시킨 사건

고 그 자신도 귀양을 갔다. 이준경이 평생을 두고 정치의 안정과 기강, 공정성을 강조한 데에는 이러한 경험들이 영향을 미쳤을 것이다. 그는 특히 임금이 사사로움에 빠져 제 역할을 하지 못하는 것이 모든 문제의 근원이라고 생각했는데, 그 때문에 임금으로 하여금 공론을 따르고 공적인 책임을 다할 것을 거듭 요구한다. 이번 장에서 소개하는 사직상소도 그 같은 취지에서 올려진 것으로, 여기서 이준경은 외척이자 권간(權奸)[131] 윤원형을 처벌하여 국가의 기강을 바로 세울 것을 주청하고 있다.

잘 알려져 있다시피, 윤원형은 명종의 외삼촌이자 대왕대비인 문정왕후의 동생으로 소윤(小尹) 세력의 영수였다. 그와 그의 일파는 국정을 농단하고 부정부패를 자행하였으며, 사화를 일으켜 많은 선비를 죽이기까지 했다. 그런데 1565년(명종 20년) 4월 6일, 윤원형의 배후가 되어주었던 문정왕후가 죽으면서 그의 권력 기반이 급격하게 흔들리기 시작한다. 이준경은 이 순간을 놓치지 않았는데, 거대한 권력의 공백으로 저들의 힘이 약해진 틈을 타서 부패한 구세력을 일소함으로써 국가 질서를 바로 세우고자 했다.

게다가 마침 이준경이 영의정에 제수되면서 기회가 찾아왔다.[132] 윤원형의 탄핵을 주장하는 대간의 상소가 빗발치는 가운데 이준경은 곧바로 사직상소를 올리며 윤원형의 처벌을 주장했다. 사직이라는 배수의 진을 치고 외척과의 대결에 나선 것이다.

---

131) 권력을 휘두르는 간신
132) 『명종실록』 20년 8월 15일

국가에 있어서 공론(公論)은 한 사람의 몸에 있어서 원기(元氣)와도 같은 것입니다. 원기가 튼튼하면 갖가지 질병이 생긴다고 하여도 위협이 되지 않고 약을 쓰면 효험도 빨라 곧바로 회복됩니다. 그러나 원기가 약하여 손상되어 있으면 편작(扁鵲)[133]도 포기하여 결국 고칠 방법이 없을 것이니 공론이 국가에 관계됨이 이처럼 중대한 것입니다. 임금이 공론을 존중하여 원기를 보양하는 것은 국가를 다스리는 좋은 처방이므로 하루도 소홀히 해서는 안 됩니다.[134]

이준경은 우선 공론의 중요성을 강조한다. 한 사람이 건강해지려면 그가 가진 기가 맑고 튼튼해야 하듯이 국가가 건강해지려면 국정이 투명하고 올발라야 하며, 그와 관련된 모든 논의, 즉 공론이 억제되거나 막히는 일 없이 공정하고 자유롭게 펼쳐져야 한다. 그래야 정치와 정책이 권위를 가질 수 있고 구성원들도 믿고 신뢰를 보내게 된다.

그렇다면 어떻게 해야 공론을 튼튼하게 할 수 있을 것인가? 이준경은 당시 공론이 닫혀서 막히고 있는 원인을 훈척(勳戚, 공신과 외척)에게서 찾았다.

훈척을 우대하는 것은 사사로운 은혜이고 공론을 보양하는 것은 만세의 대의입니다. 지금 전하께서는 사사로운 은혜에 머리를 숙이고

---

133) 중국 고대의 전설적인 명의(名醫)

134) 이하 인용은 모두 『명종실록』 20년 8월 22일자 기사에 기재된 이준경의 사직상소가 출처임

27. 이준경, 영의정 사직상소

만세의 공론을 거스르심으로써 국가의 맥이 미약해지고 있습니다.

임금이 사사로운 인간관계에 얽매여 있고, 사적인 감정에 따라 정치를 행함으로써 철저하게 공적으로 작동해야 할 국가시스템이 무너지고 있다는 것이다. 이런 상황에서 공론이 배양되지 못하는 것은 당연한 일이었다.

이에 이준경은 악행을 저지르고 전횡을 휘두른 윤원형의 처벌을 요구했다. 명종이 이를 거부하자, 그는 단호하게 말한다.

윤원형이 전하의 외숙부라는 점 때문에 차마 귀양을 보내지 못하시겠다는 것을 신은 잘 알고 있습니다. 하지만 사사로운 정에 치우쳐 국가의 원기가 막힌다면 민심이 어찌 안정되며 나라의 맥은 또 어찌 이어질 수 있겠습니까. 전하께서는 윤원형을 사면하고 조용히 물러나게 하려고 하시나 이것은 공론을 장려하고 원기를 북돋우는 도리가 아닙니다. 부디 그를 물리쳐 배척하심으로써 공론을 따르고 정도를 일깨워 원기가 사그라지는 일이 없게 하소서.

죄를 저질렀으면 응당 그에 따른 책임을 져야 한다. 하물며 임금의 외척이라는 신분을 기화로 정당하지 못한 권력을 남용해 국정을 문란하게 만든 죄는 더더욱 용납할 수 없다. 따라서 윤원형의 잘못을 엄중히 묻고 처벌하여 기강을 바로 세워야 한다. 임금의 가까운 친척이라는 이유로 용서해주거나 혹은 처벌을 가볍게 한다면, 국가의 공공성은 크게 흔들리게 될 것이다. 잘못을 흐지부지 넘어감으로써 비슷한 일이 재발하게 될 가능성도 높아질 뿐 아니라 백성들도 공권력의 권위를 불신하게 된다.

따라서 이준경은 "국가의 공론이라는 것은 사의(私意)가 용납될 수 없다."라며 임금의 균형 있고 공적인 자세를 요구했다. 윤원형의 처벌 문제를 빌린 것이지만 실상 임금이 반성하고 책임을 지라는 경계였다. 그리고 앞으로는 인사문제에 특히 유념해야 한다고도 주문한다.

공론이 막혀 나라의 기강이 무너졌다는 것은 위엄이 없어지고 형벌이 행해지지 않는다는 뜻이 아닙니다. 조정의 출척(黜陟)[135]이 엄격하지 않음을 말해주는 것입니다.

아무리 시스템이 좋고 공론이 세워져 있다 하더라도 그것을 잘 운영하느냐 아니면 그것을 무너뜨리느냐는 결국 사람에게 달린 것이다. 그러므로 리더는 훌륭한 인재를 주위에 두고 그의 목소리에 귀 기울여야 한다. 정직하지 못하고 의롭지 못한 사람들을 과감히 배척해야 한다. 인사가 제대로 이루어지고 인재들이 적재적소에 배치될 때, 이익을 탐하고 부정을 꾀하는 사람들이 준엄한 심판을 받을 때, 공론은 정치를 든든하게 뒷받침해줄 것이며 나라의 질서는 자연스레 확립될 것이다.

---

135) 좋은 사람을 등용하고 나쁜 사람을 물리침

27. 이준경, 영의정 사직상소

28

국가에 재난이 닥쳤을 때 지도자가 지녀야 할 자세를 논한 재상

김수항, 영의정 사직상소

김수항(金壽恒) / 1629년(인조 7년)~1689년(숙종 15년)

본관은 안동, 호는 문곡(文谷)이다. 병자호란 때 척화론을 주도했던 김상헌의 손자로, 김장생의 문하에서 수학했다. 송시열과 더불어 노론의 영수가 되었으며, 남인에게 강경한 태도를 보였다. 기사환국(己巳換局)으로 남인이 재집권하면서 진도에 유배되었다가 사사된다.

#김수항 #문곡 #기사환국 #노론 #송시열

일관(日官)[136]이 흰 무지개가 해를 꿰뚫은 변고를 알려왔습니다. 떨리고 불안한 마음이 온종일 진정되지 않습니다.[137]

백홍관일(白虹貫日). 흰 무지개가 해를 꿰뚫는다는 말로, 지극한 염원이 하늘을 감응시킨다는 뜻도 있지만 주로 임금의 신상에 해로운 일이 생긴다는 의미로 받아들여진다. 중국 전국시대의 협객 형가(荊軻)는 연나라 태자 단으로부터 진시황을 제거해달라는 부탁을 받고 길을 떠나며 이런 노래를 부른다.

바람 소리 소슬하고 역수(易水)는 차갑구나! 장사(壯士)가 한번 떠나면 다시는 돌아오지 못하리.

그러자 형가 위로 흰 무지개가 생겨나 태양을 향해 뻗어갔다. 마치 형가의 검이 진시황을 찌르듯이. 이후 흰 무지개는 임금을 위협하는 징조로 받아들여지게 된 것이다. 서두에서 소개한 발언의 주인공인 김수항이 그토록 놀란 이유이기도 하다.

문곡 김수항은 척화파의 거두 김상헌의 손자로, 오랜 기간 영의정을 지냈을 뿐 아니라 형인 김수흥, 아들인 김창집도 모두 영의정을 역임한 명문가이다. 서인의 정신적 지주인 송시열, 송준길과 매우 친

---

136) 천문지리(天文地理), 기후관측, 책력(册曆), 점성(占星) 등을 담당하는 관상감(觀象監)의 관리

137) 『문곡집(文谷集)』 15권, 「재이로 인하여 면직을 청하는 차자(因災乞免箚)」

밀했고 그 자신도 서인 관료의 영수였는데, 그로 인해 숙종의 환국 정치[138]에 휘말려 죽음을 맞게 된다.

이번 장에서 소개하는 상소는 1680년 경신대출척(庚申大黜陟)[139]으로 영의정에 오른 김수항이 올린 것들로, 특히 천재지변이 일어났을 때 제출한 사직 상소들을 추린 것이다. 조선 시대에는 재난이 일어나거나 기이한 자연현상 등이 발생하면 이를 정치가 잘못 행해지고 있는 것에 대한 하늘의 경고로 간주하고, 임금이 자신을 반성하는 교서를 발표하며, 재상은 책임을 지고 사직하곤 했다. 이는 그러한 상황들이 자연현상이라는 것을 몰라서가 아니었다. 인간의 힘으로는 어찌할 수 없는 영역에 대해서도 무한한 책임을 진다는 윤리의식의 표명이었다.

하지만 구체적인 일과 관련된 것이 아닌 데다 실질적인 잘못이 있는 것도 아닌 이상 사직상소는 형식적인 절차로 흐를 가능성이 높았다. "신이 재변이 일어날 때마다 면직해주실 것을 거듭 청했던 것은 겉치레로 실속 없는 말을 드리기 위해서가 아닙니다."[140]라는 김수항의 말도 이를 염두에 둔 것이다. 명색이 수상(首相)의 사직상소를 공허한 말 잔치로 끝내지는 않겠다는 것이었다.

이에 김수항은 사직상소를 올리면서 무엇보다 임금이 마음가짐을

---

138) 남인과 서인 중 번갈아가며 한 당파를 집권하게 하고 다른 한 당파는 숙청시키는 것

139) 숙종 재위 초기 집권세력이었던 남인이 축출된 사건이다. 남인의 영수 허적의 서자 허견과 왕족인 복창군, 복선군, 복평군 3형제가 역모를 꾀했고, 여기에 남인 대신들이 연루되었다는 혐의를 받았다. 이때 남인의 영수였던 허적과 윤휴가 죽임을 당한다.

140) 『문곡집』 15권, 「하늘의 변고로 인하여 면직을 청하는 차자(因天變乞免箚)」

올바로 하는 데 힘써달라고 요청했다. 당시에는 지극히 이례적인 이상기후 현상들이 빈번하게 발생했는데, 김수항의 상소에 따르면 "8월에 눈이 내려 제비와 참새가 얼어 죽었고", "가을걷이를 하기 전에 우박이 쏟아져 여물었던 곡식이 꺾여 쓰러졌다." 전(全) 지구적으로 닥쳤던 소빙하기와 관련된 것으로 보인다. 김수항은 이처럼 비정상적인 상황에 대응하기 위해서는 먼저 기본부터 충실해야 한다고 본 것이다.

천재지변을 그치게 하는 방법에 대해서는 신의 몽매하고 얕은 학식으로는 진실로 아득하고 캄캄하니 다만 경전에 나오는 것으로 말씀드리겠습니다. 옛날 밝고 뛰어난 제왕들이 재앙과 사고를 만났을 때 취했던 대응방식은 별다른 것이 없었습니다. '하늘의 경계를 잘 삼간다.', '선왕이 했던 정치를 본받고 계승한다.', '몸가짐을 조심하며 행실을 닦는다.'라는 정도에 불과합니다. 하지만 이른바 '삼간다'와 '닦는다'는 말에는 모두 수많은 일이 포함되어 있습니다. 빈말에 그치지 않고 실질적인 것에 힘써서 할 일을 다 실행하기 때문에 재난과 변고가 닥치더라도 끝내 복되고 좋은 일로 전환하여 아름다운 중흥을 이룩할 수 있었던 것입니다. …… 주자(朱子)도 말하기를, "병(病)으로 인한 고통을 없애려고 하는 마음 자체가 바로 그 고통을 없애는 약(藥)이다."라고 하였습니다. 오늘날 재난과 변고를 초래한 잘못과 앞으로의 환란을 소멸시킬 방도를 전하께서는 이미 스스로 알고 계시니, 이 마음을 넓혀 온갖 일에 미루어 정성껏 이행하고 장구하

28. 김수항, 영의정 사직상소

게 지킬 수만 있다면 해결하지 못할 일이 어디 있겠나이까. …… 신의 이 말이 진부하지만, 이 말이 아니고서는 또한 스스로 공효를 이뤄낼 수 없을 것입니다.[141]

어떤 일이든 문제를 해결하는 데 있어서 가장 중요한 요소는 사람의 자세이고 마음가짐이다. 빈틈없고 남김없이 최선을 다하는가, 진실하고 정성스러운 마음으로 임하는가, 이것이 문제 해결의 기본이 된다. 뻔한 이야기라고 생각할 수도 있겠지만 김수항은 과연 이 진부하고 뻔한 일을 완수했느냐고 묻는다. 이것이 뒷받침되지 않고서는 아무리 좋은 아이디어가 있고 계책이 있더라도 성과를 낼 수 없다는 것이다.

그런데 임금이 수양에 힘쓰고 올바른 마음가짐과 자세를 갖추었다 하더라도 임금 혼자서 모든 일을 해낼 수는 없는 법이다. 임금을 도와줄 훌륭한 인재들을 찾아 적재적소에 배치해야 한다. 그것을 잘하지 못해도 공백이 생겨 국정에 지장을 주게 된다.

무릇 임금은 하늘을 대신하여 만물을 다스리기에 직위를 천위(天位)라고 하고 관직을 천직(天職)이라고 합니다. 기필코 인재를 구하여 관직에 배치하는 것은 하늘이 준 임무를 함께 수행하기 위해서입니다. 오늘날 인사의 잘못이 한둘이 아니지만 재이(災異)를 초래한 연

---

141) 『문곡집』 15권, 「재이로 인한 경계를 진달하고 이어서 면직을 청한 차자[因災異陳戒 仍乞策免箚]」

유를 찾고자 한다면 신은 그 허물이 여러 관직을 비워 두어 하늘이 백성을 키우고 다스리는 뜻을 제대로 받들지 못한 데 있다고 생각합니다.[142]

자, 그렇다면 어떻게 그런 인재를 찾을 것인가?

선한 자를 높여주고 악한 자를 벌하며, 왕실과 조정이 일체가 되면 나라가 다스려지지 않을까 걱정할 것이 없습니다. 올바른 인물을 등용하고 바르지 않은 인물을 버려서 군자의 도가 자라나고 소인의 도가 사그라지게 하면, 어질고 재주 있는 인물이 등용되지 않을까 걱정할 필요가 없습니다.[143]

실력과 인품을 기준으로 인사가 투명하게 이루어지고 상벌이 공정하게 집행된다면 자연스레 좋은 인재들이 몰려와 역량을 겨루게 된다는 것이다.

김수항은 이러한 조건들이 모두 갖춰질 때, 천재지변도 두려워할 필요가 없다고 말한다.

송나라의 신하 범중엄이 말하기를 "예로부터 국가에는 모두 재이(災異)가 있었습니다. 다만 군주의 성대한 덕과 선한 정치가 천하에 두

---

142) 『문곡집』15권, 「무지개의 변고로 인하여 면직을 청하는 차자(因虹變乞策免箚)」
143) 주 141)과 같음

루 미쳐 사람들이 감히 원망하거나 배반하지 않는다면 비록 재이가 발생하더라도 재앙과 난리는 없을 것입니다."라고 하였습니다.

자연이 주는 재난은 언제든 극복하고 다시 일어날 수 있다. 하지만 그것이 국가적인 위기로 이어지느냐 아니냐는 결국 사람에게 달렸다. 철저히 준비하고, 정성을 다하며, 모든 역량을 집중해 능동적으로 대응한다면 재해가 주는 피해를 최소화할 수 있을 것이다. 비단 천재지변뿐만이 아니다. 우리에게 닥칠 모든 불확실성, 위기상황들도 마찬가지다.

김준태

성균관대학교에서 한국철학으로 박사학위를 받았다. 동 대학 동양철학문화연구소를 거쳐 한국철학·인문문화연구소에서 한국을 비롯한 동아시아의 철학과 정치사상, 특히 역사 속에 등장하는 정치가들의 리더십과 경세론에 중점을 두고 연구하고 있다. 또한 잡지 기고, 기업 강의, 인터넷 강의 등을 통해 대중적인 영역에서도 활발히 활동하고 있다. 논문으로 「포저 조익의 성리학설과 경세론에 관한 연구」, 「정조의 정치사상 연구」, 「잠곡 김육의 실용적 경세사상 연구」, 「권도론 연구」 등이 있고, 저서로 『왕의 경영』, 『군주의 조건』, 『탁월한 조정자들』이 있다.

다시는 신을 부르지 마옵소서

1판 1쇄 펴냄 2017년 11월 29일
1판 4쇄 펴냄 2022년 6월 1일

지은이 김준태
그린이 강승연
펴낸이 정성원·심민규
펴낸곳 도서출판 눌민

출판등록 2013. 2. 28 제25100-2017-000028호
주소 서울시 은평구 가좌로11가길 30, 301호 (03439)
전화 (02) 332-2486 **팩스** (02) 332-2487
이메일 nulminbooks@gmail.com

ISBN 979-11-87750-11-6 03910

한국출판문화산업진흥원의 출판콘텐츠 창작자금을 지원받아 제작되었습니다.

이 도서의 국립중앙도서관 출판예정도서목록(CIP)은 서지정보유통지원시스템 홈페이지(http://seoji.nl.go.kr)와 국가자료공동목록시스템(http://www.nl.go.kr/kolisnet)에서 이용하실 수 있습니다. (CIP제어번호: CIP2017031212)